한국의 이술

KB090708

■ 도서 A/S 안내

성안당에서 발행하는 모든 도서는 저자와 출판사, 그리고 독자가 함께 만들어 나갑니다.

좋은 책을 펴내기 위해 많은 노력을 기울이고 있습니다. 혹시라도 내용상의 오류나 오탈자 등이 발견되면 "좋은 책은 나라의 보배"로서 우리 모두가 함께 만들어 간다는 마음으로 연락 주시기 바랍니다. 수정 보완하여 더 나은 책이 되도록 최선을 다하겠습니다.

성안당은 늘 독자 여러분들의 소중한 의견을 기다리고 있습니다. 좋은 의견을 보내주시는 분께는 성안당 쇼핑몰의 포인트(3,000포인트)를 적립해 드립니다.

잘못 만들어진 책이나 부록 등이 파손된 경우에는 교환해 드립니다.

저자 문의 e-mail : thomas311@hanmail.net(김진욱)

본서 기획자 e-mail : coh@cyber.co.kr(최옥현)

홈페이지 : http://www.cyber.co.kr　전화 : 031) 950-6300

100년 만에 되살리는 **한국의 전통미장기술**

대한민국명장 **김진욱** 지음

BM 성안당

들어가며

지금 우리 전통미장은 정체성 상실의 위기에 처해 있다.

일제강점기와 해방 이후 근대화 과정에서의 외래 건축문화의 도입과 우리 전통미장을 지키려는 노력 부족 등으로 마땅히 지키고 전승되어야 할 전통미장기법의 맥이 단절되고 변형된 기술이 마치 전통기법인양 잘못 자리 잡고 있는 것이다.

더욱 안타까운 것은 우리 전통미장에 대한 건축인들의 관심 부족이다. 현대 건축인들은 우리 전통미장에 대한 이해 부족과 함께 저비용의 효율성을 중요시하는 경제논리에 함몰돼 있다. 이러한 결과로 전통미장기법이 전승돼야 한다는 내재적 의식만 있을 뿐 실제 시공 현장에서는 진정성 있는 결과물로 생산되지 못하고 있는 실정이다.

지금 현장에서 일하는 장인들뿐만 아니라 학계, 전문가들도 현대재료를 사용하지 않으면 전통미장 작업이 어렵다고 말한다. 특히, 문화재 수리에 있어서 전통미장 재료와 물성이 다른 시멘트계인 수경성 재료의 사용을 공식화한 것은 문화재의 원형보존의 원칙, 진정성 있는 수리의 원칙과 배치되는 것으로 심각하게 고민해 봐야 할 문제다.

전통미장은 단순한 흙손질 기술이 아니다. 미장재료의 물성, 재료의 배합, 작업 현장의 기후환경 등 여러 가지 조건을 종합적으로 이해하고 작업을 하는 건축기술이다. 그런데 시공상 어렵고 불편하다는 이유로 전통방법을 지키지 않는다면 소중한 우리 전통문화유산인 문화재를 원형 그대로 보존·계승하는 것은 난망한 일이 될 것이다. 지금처럼 가다가는 머지않아 우리는 전통미장의 정체성을 완전히 잃어버릴지도 모른다.

필자는 미력하지만 전통미장기법의 올바른 계승을 위하여 40여 년의 경험과 의궤를 바탕으로 이 책을 썼다. 물론 이 책에 기술된 내용만이 옳다고 주장하지 않으며 그렇게 결론 내려서도 안 된다. 또한, 선대 장인들이 했으니까 모두 잘되었다고 믿는 것도 바람직하지 않다. 전통미장은 시대 변화와 장소 그리고 장인들에 따라 그 기법의 차이가 있으며, 때론 서로 다른 기법의 장점과 단점들이 함께 있기 때문이다. 다만 과학적 사고와 접근으로 구조적으로 안전한지, 요구되는 성능과 기능은 충족되는지, 심미적인 면은 고려되었는지의 내용을 중심으로 이 책을 서술하였으므로 문화재 수리, 한옥, 사찰, 흙집, 친환경건축을 하는 분들에게 작은 도움이라도 되었으면 한다.

대한민국명장 김진욱

전통미장기술의 응용

1장

전통 한식미장[泥匠]의 이해

현대건축에서는 기능이 전문화·세분화되어 콘크리트, 조적, 미장, 방수, 타일, 난방공사가 구분되어 있지만 전통미장에서는 이와 같은 공종을 모두 포함하고 있다. 즉, 전통건축을 할 때 벽체에 외를 엮고 바르는 일을 중심으로 화방벽을 쌓거나 고막이를 쌓는 일, 전돌을 깔거나 꽃담을 만드는 일, 토담을 쌓거나 판축을 하는 일, 내화·보호·방수·방습·마모 방지 작업, 흙이나 석회다짐, 구들공사까지 포함한다. 이 장에서는 정체성 상실 위기에 빠진 우리 전통미장의 현실을 진단하고, 앞으로 나아가야 할 방향을 제시하고자 한다.

_1 한식미장의 의의

01. 한식미장의 뜻

한식미장은 흙·석회·나무·돌·볏짚·풀 등의 재료를 사용하여 중깃을 넣고 외를 엮어 초벽을 치고 마감을 하며, 양성바름, 앙토바름, 담장공사, 화방담을 쌓거나 석회 또는 흙 다짐을 하고 구들 놓는 일을 전통기법으로 하는 것을 말한다.

1 배희한 구술, 《이제 이
조선톱에도 녹이 슬
었네》, 뿌리깊은나무,
1992.

중방하구 인방하구 이런 거 넣으면 이제 토역허는 거지. 토역이라는 거는 벽 바르구 이런 흙일허는 걸 토역이라구 그래. 미쟁이들이 토역허는 사람이지. 이제 이 조선톱에도 녹이 슬었네. [1]

전통미장공을 니장(泥匠)이라 하고 일부에서는 토수(土手)라 부르기도 하였는데, 두 이름의 공통점은 흙을 다룬다는 것이다. 구한말까지 니장으로 부르다가 일제강점기에는 현대미장을 뜻하는 미장(美匠, plastering)과 전통미장을 뜻하는 니장을 혼용하여 사용하였다.

요즘은 전통미장을 한식미장이라 하고, 현대식 미장은 미장으로 구분하여 부른다. 국가기술자격시험도 전통미장 부문은 '한식미장기능자'로, 현대건축 부문은 '미장기능사'로 나눠 실시하여 전통미장과 현대미장을 구별하고 있다.

이렇게 한식미장과 현대미장을 구분하는 것은 현대미장공이 전통미장을 할 수 없다고 보기 때문이다. 수경성 재료인 시멘트재료 중심의 현대미장기법과 기경성 재료인 흙과 석회재료 중심의 전통미장기법은 그 사용기법과 적용 범위가 다르기 때문이다. 전통미장은 시멘트가 생산되기 이전의 기법인 흙과 석회와 같은 기경성 재료의 활용이 특징이며, 현대미장은 시멘트나 석고를 활용한 수경성 재료 중심의 시공기법이 특징이다.

또한, 현대건축에서는 기능이 전문화·세분화되어 조적·미장·방수·타일·난방 공사가 구분되어 있지만, 전통미장에서는 이와 같은 공종을 모두 포함하고 있다. 즉, 전통건축을 할 때 벽체에 외를 엮고 바르는 일을 중심으로 화방벽을 쌓거나 고막이를 쌓는 일, 전돌을 깔거나 꽃담을 만드는 일, 토담을 쌓거나 판축을 하는 일, 내화·보호·방수·방습·마모 방지 작업, 구들공사를 포함한다. 영건의궤에는 기와를 얹기 전에 알매흙작업을 하는 일도 니장이 하였다고 기록된 경우도 있다. 다시 말해 습식공사 대부분을 담당하는 다기능공이 전통미장[니장(泥匠)]이라 할 수 있다.

그러나 전통미장과 현대미장의 시대적 구분을 명확하게 하는 것은 매우 어려운 일이다. 옛 서울시청, 덕수궁 석조전, 서울역 등 근대문화재로 등록된 건축물을 살펴봐도 미장재료는 석회·시멘트·석고가 혼용되었고, 내부에 사용된 석고 장식은 서양식 기법이 그대로 적용되었음을 볼 수 있기 때문이다.

전통미장기법은 전통건축과 현대건축을 구분하지 않고 적용이 가능하며, 친환경재료를 활용하기 때문에 자연친화적 건축을 추구하는 현대에 있어서도 그 발전 가능성이 매우 크다. 따라서 문화재나 전통가옥 보수·복원작업 시에는 진정성 있는 원형보존의 원칙에, 신건축 시는 안전하고 사용에 편리하면서 미적이며 환경적으로 유익한 전통미장기법을 적용하는 것에 초점을 맞추어야 할 것이다.

02. 한식미장의 발전

우리나라에서 미장작업이 시작된 것은 신석기시대라 여겨진다. 신석기시대 이전인 구석기시대에는 동굴이나 큰 바위 아래에서 자연지형을 이용하여 생활했을 것으로 추정된다. 우리 조상들은 신석기시대에 와서 움집을 짓기 시작하였는데, 움집 바닥과 곡간 바닥에 진흙을 짓이겨 발라 상부에 맥질을 하여 면을 매끄럽게 하고 바닥에 저장공을 만들고 빗살무늬토기에 곡식을 담아 안전하게 보관할 수 있도록 했다. 이러한 일련의 행위가 미장작업의 시작이라고 할 수 있을 것이다.

그러나 신석기 후기(BC 2000년~BC 700년)에 들어 수혈주거 형식에서 기둥을 세

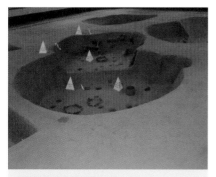
신석기시대의 움집(암사동) 1

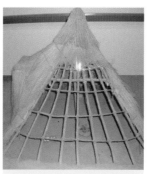
신석기시대의 움집(암사동) 2

신석기시대의 움집(강화도)

우고 그 위에 나뭇가지와 풀을 엮고 진흙을 바른 것으로 보아 오늘날과 유사한 미장방법의 출현은 이 시기부터라고 추정된다. 움집의 바닥이나 움집 둘레에 경사지게 세운 기둥에 일정한 규칙이 없이 진흙을 이겨 바르는 행위에서 벗어나, 규칙이 정해지고 자연에 순응하면서도 과학적 기법이 포함된 미장기술의 토대가 마련된 것이다.

앞에서 설명했듯이 현재의 '미장'이란 명칭은 과거 '니장(泥匠)'이라는 명칭에서 연유하여 사용하게 된 것이며, 이는 미장의 주재료가 진흙이므로 붙여진 것으로 보인다. 니장이라고 부르게 된 것은 삼국시대 이후부터며, 19세기까지 니장으로 호칭되었으나[2] 개항에 따른 서양건축 공법의 도입과 시멘트산업의 발달로 미장재료가 변화되면서 니장(泥匠)과 미장(美匠, plastering)의 호칭이 20세기 중반까지 혼용되다가 20세기 후반부터 미장(美匠, plastering)공사로 바꾸어 부르게 된 것으로 사료된다.

그런데 오늘날에는 니장이라고 하는 용어가 오히려 생소하게 보인다. 전에는 대목장을 중심으로 한 도편수 제도로 시행되었으나 요즘은 건축주나 시공회사가 있고 분야별 책임을 맡은 편수가 있다. 미장편수가 도편수의 지도를 받는 것이 아니라 회사 관리자나 건축주의 의견을 반영하도록 변한 것이다.

기록에 따르면 고려시대에는 니장공을 니장행수(泥匠行首)라 칭하였고 대부분이 관청영선에 속해 있었다. 17세기의 미장공으로는 최계수(崔戒守)와 김계남(金戒男)과 김주금(金注金)이, 19세기의 니장편수로 고완철(高完喆)의 이름이 기록에 있는데 이들 대부분은 궁궐공사에 종사하였고 관청영선에 소속되어 있었다. 19세기에 들어와 관청영선이 사라지면서 민간 장인 활동이 시작되었다.

우리나라에는 2015년 기준으로 문화재수리기능자가 약 7,740명이 있는데, 그 중

2 김동욱, 《한국건축공장사연구》, 기문당, 1993, p. 231.

전통 외엮기 1

전통 외엮기 2

널외 바탕

점토벽돌 조적조 바탕

한식미장에 종사하는 사람은 문화재청 등록 기준 451명으로 약 5.8% 정도를 차지한다. 과거 한식미장의 경우 기능시험 응시자 수가 20~30명에 불과하던 것이 2013년도 이후부터는 100명을 넘어섰는데 이렇게 한식미장공이 늘어난 것은 전통건축에 대한 관심과 환경친화적 건축에 대한 관심이 높아진 결과라 할 수 있다.

한식미장과 현대미장을 분류하여 부르게 된 것은 문화재청에서 한식미장기능자 등록을 실시하면서부터라고 사료된다. 현대 건축기술의 발달로 전통건축에 대한 관심이 줄어들자, 1971년부터 문화재청에서 전통건축에 대한 기술과 기능을 갖춘 이들을 대상으로 일정한 시험을 실시하고 합격한 사람은 문화재청에 등록하게 한 다음 문화재의 복원·보수를 할 때에 이들이 일을 하도록 제도화하였던 것이다.

_2 전통미장기법 계승의 필요성

01. 전통미장기법의 원칙

전통미장기법은 전통건축물의 보존과 신축 그리고 환경적으로 건전하고 지속 가능한 발전을 지향하는 친환경건축과도 밀접한 관계가 있다. 문화재보호법도 문화재를 보존하여 민족문화를 계승하고 이를 활용할 수 있도록 함으로써 국민의 문화적 향상을 도모함과 아울러 인류문화의 발전에 기여함을 목적으로 하고, 문화재의 보존·관리 및 활용은 원형을 유지함을 기본 원칙으로 규정하고 있다. 또한, 역사적 건축물과 유적의 수리·복원 및 관리에 있어 그 진정성이 훼손되지 않도록 하고, 유적의 가치를 변형·왜곡하지 않아야 하며, 전통기술과 전통재료를 사용하도록 규정하고 있다.

필자는 한식미장, 즉 전통미장이라고 하는 것은 시간의 흐름과 함께 형성된 특정한 문화 권역 속에 내재하는 어떤 질서의 흐름을 의미하는 것이라 생각한다. 따라서 현대라고 하는 시간과 한국이라고 하는 공간 위에서 전통미장기법에 대해 올바르게 인식하고 그 맥을 이어가야 할 것이다.

그동안 여러 분야의 전통과 관련한 논의는 많았지만, 한국식 전통미장공사를 어떻게 하는 것인가에 대해서는 정리된 자료도 없고 세부적·구체적인 부분의 연구도 충분치 못한 것이 현실이다. 오늘날 전통건축을 외형적·장식적 측면에서만 해석하고 비실용적·비능률적이라는 관점에서 바라보거나 형태적·표현적 진정성에 대한 전통 계승은 무의미하며 내재된 정신만을 계승한다는 것은 잘못된 생각과 태도다. 이제는 전통건축에 대하여 단순히 장식적 수법으로만 바라볼 것이 아니라 실용적이며 대중 활용의 관점에서 논의가 이뤄져야 할 것이다.

그런데 전통건축물의 보수·복원·신축작업 시 전통기법과 친환경기법으로 시공되지 않는 것은 물론이고, 외관마저 전통가옥의 정통성을 잃어가고 있는 것이 작금의 현실이다. 전통건축물의 보수·복원·신축기법의 변형은 물론 재료 면에 있어서도 시멘트와 화학첨가물 사용이 보편화되어 있는 것이다. 일제강점기와 해방 이후 외래 건축기술의 도입과 전통건축 맥 잇기에 대한 노력 부족은 전통건축 기법의 단절과 기법의 변형 문제를 가져왔고 현재 전통건축물이나 문화재 보존·관리에도 좋지 않은 영향을 주고 있는 것이다. 오히려 변형된 기법이 전통적이고 실용적인 기법인 것으로 잘못 정착되어 가고 있는 현실에 비추어 볼 때, 하루 빨리 이러한 문제가 어떻게 발생되었는지 살펴보고 그 해결 방법을 찾아야 할 것이다.

필자는 전통미장은 자연에서 조달한 재료로 자연과 조화된 방법으로 시공하는 미장기술이라고 생각한다. 따라서 한국 전통건축에 깔려 있는 우리 민족 고유의 세계관을 인식하고 형태적 표현과 내적 진정성의 계승이 결코 무의미한 것이 아니며 현대건축 발전에도 매우 유의미하다는 측면에서 전통미장에 접근해야 할 것이다.

한식미장은 수천 년 동안 발전하여 왔고 앞으로도 지속 발전되어야 함에도 불구하고 이 공법의 한 부분에 대해 연구가 없었으므로 본서가 이에 대한 체계적 틀을 만들고 후대에 전통 한식미장기술을 배우는 사람들에게 도움이 되는 자료가 되었으면 한다.

02. 전통미장기법 변형의 문제점

(1) 문화재 보존·관리에 대한 잘못된 인식

문화재수리법은 문화재를 원형으로 보존 계승하고 문화재 수리의 품질 향상을 위하여 제정되었다. 하지만 법 제정 목적과 달리 문화재 보수작업 시 현대건축 재료의 무분별한 사용과 왜곡·변질된 시공기법의 적용으로 현대 친환경건축 기술 발전에도 저해 요인이 되고 있다.

우리는 우리의 혼과 얼이 담긴 전통문화유산을 보존하여 후대에 물려주어야 할 의무가 있다. 그리고 유서 깊은 전통문화유산은 유네스코 세계문화유산에 등

재되어 세계적 관심을 모으며 국위 선양에도 도움이 된다. 물론 100% 원형대로 문화재의 보존과 전통기법의 전수는 어려울 수 있겠지만, 요즘은 원형보존을 하려는 노력조차 기울이지 않고 있는 것이 문제다. 이런 현상은 현대 사람들이 공법적 전통에 대한 계승은 무의미하다고 보고 내재된 정신만을 계승하려고 하는 전통건축에 대한 잘못된 생각에서 비롯된 것이다. 유형문화재인 전통건축의 시공방법의 변질에서 시작되어 외적인 형태와 기능의 변질 그리고 내적·정신적 계승의 변질까지, 진정성과 정통성을 잃어 가는 단계에 와 있다고 단언할 수 있다.

경복궁 자경전의 꽃담의 복원 사례를 보자. 당초에는 매화, 천도, 모란, 석류, 국화, 이름을 알 수 없는 문양, 국화, 모란, 대나무 등 모두 9개의 문양으로 표현되어 있었는데 복원 과정에서 다섯 번째와 일곱 번째 사이의 여섯 번째 이름을 알 수 없는 문양 하나가 사라져 현재는 8개의 문양만 남아 있다. 복원 과정에서 어떤 사정이 있었는지 알 수 없지만 문화재의 진정성이 있는 복원 그리고 원형보존이라고 하는 원칙에 부합되지 않은 것은 확실하다.[3] 그러므로 문화재적 가치가 있는 전통건축물은 보다 철저히 보존·관리하여야 하는데, 그 보존·관리를 위한 시공상 또는 보존 대상의 기능적인 실체를 올바르게 인식하고 실용적인 관점에서도 바라보아야 진정성과 완전성을 지닌 문화재의 보존·관리라 할 수 있다.

3 국립중앙박물관, 〈유리건판 궁궐편〉, 국립중앙박물관, 2007.

(2) 제도적 문제

무분별한 지원

현재 국가 또는 지방자치단체에서는 전통건축물을 보존하기 위하여 보조금이나

복원 전의 자경전 꽃담 문양 9개

복원하며 없어진 문양

현재 8개만 남은 자경전 꽃담의 문양

융자금을 지원하고 있다. 이 제도의 발상과 목적은 매우 긍정적이지만 시행 과정에서는 매우 불합리한 문제점을 드러내고 있다.

서울시에서 지정하고 지원하는 북촌 한옥마을은 외국인이 한국 문화를 체험하기 위하여 많이 찾는 대표적 한옥마을로, 방문객 수가 점점 늘어나고 있다. 그러나 그 실체를 들여다보면 한식으로 기둥을 세우고 기와는 잇고 있지만 그 외는 시멘트모르타르나 시멘트벽돌, 스티로폼과 석고보드를 사용하고 시멘트에 황토를 섞어 색채나 맞추는 정도다.

또한, 다른 지역의 한옥마을의 경우를 보면 전통미장 부분을 찾아보기조차 힘들다. 벽체는 합판을 치고, 페인트로 회벽처럼 도장을 하고, 담장 사고석은 인조석 또는 FRP로 면회줄눈까지 찍어 나온 것으로 시공되었고, 아궁이는 보통 시멘트모르타르로 발라 놓았다. 이러한 기법이 한국식 전통건축이라며 국내외에 광고를 하고 와서 보라고 한다.

중요문화재 건축물의 사정도 별반 다르지 않다. 중깃이나 외대는 정상적으로 넣고 있으나, [사진-코코아 껍질 끈으로 한 외엮기]와 같이 정작 엮는 재료는 수입된 코코아 껍질의 끈으로, 문화재 원형보존의 진정성의 의미를 훼손하고 있다.

세계문화유산에 등재된 양동마을과 궁궐, 국가 또는 지방문화재로 지정되어

합판벽에 백색 페인트를 칠한 모습

공장에서 FRP로 만든 사고석을 붙인 담장

코코아 껍질 끈으로 한 외엮기 1

코코아 껍질 끈으로 한 외엮기 2

콘크리트로 된 주초

시멘트미장 처리한 궁궐 바닥

예산을 지원받는 종교시설도 예외는 아니다. 적용 기법과 재료의 사용이 전통적이지 않은 것은 물론 외형이라도 전통가옥의 모양을 유지하는 노력도 찾아보기 힘들어 이제는 외관마저 전통가옥이라고 볼 수 없는 지경에 이르고 있다. 따라서 국가나 지방자치단체에서는 비용 지원에 앞서 한국식 전통건축의 진정성이 어디에 있는지부터 살펴보아야 할 것이다.

표준시방서나 표준품셈의 전통성 유지 노력의 부족

전통건축의 전통성은 표준시방서와 표준품셈에도 결여되어 있다. 종전의 표준품셈에는 백시멘트 사용 내용이 없었다. 그런데 품셈 내용이 개정되면서 백시멘트 사용이 가능하게 되어 버렸다. 2012년 개정 표준품셈표에는 시멘트 사용의 정량을 기술하고 있다. 이러한 현상은 작업 현장에 혼란을 가져오고 부실공사로 이어질 가능성이 매우 크다. 만약 근대문화재 등 필요한 곳이라면 시멘트 사용 가능 건축물을 지정하여 사용하도록 해야 한다. 백시멘트는 재료 분류상 수경성 재료로서 기경성 재료인 석회와 흙에 섞어서 사용해서는 안 되기 때문이다.

그리고 강회 모르타르라는 용어도 강회 반죽이나 비빔으로 바꿔 사용해야 한다. 우리의 영혼이 담긴 문화재 수리의 표준품셈에 한국적 표현방식이 있음에도 불구하고 외래어로 표기함은 옳지 않다. 이렇게 품셈표나 기초 자료가 잘못되어 전통건축의 상징인 궁궐건축에 전통재료가 아닌 시멘트모르타르 등이 공공연하게 사용돼 안타깝다. 시멘트나 화학적 혼합물을 사용하지 않고도 전통미장기법의 시공이 가능한데도 말이다.

이러한 자료를 기준으로 실제로 공사 계획·설계·시공과 감독이 이뤄지기 때문에 재료의 적용, 용어 하나라도 신중하게 기록하여 논란의 여지를 남기지 않도록 해야 하며 이미 잘못된 용어나 재료 기입은 반드시 수정하여야 한다. 문화재 수리 표준시방서나 표준품셈표의 잘못된 내용으로 전통미장 재료 사용과 기법의 변형을 가져올 수 있기 때문이다.

안타까운 것은 문화재 수리에 있어서 획일적인 재료와 기술의 적용을 강요하는 것이다. 모든 문화재 수리 기준을 문화재 수리 표준시방서와 표준품셈에 의존해 가는 것은 매우 잘못된 방향의 진행이다. 원형보존이라는 것은 창건 당시의 재료와 기술을 최대한 살려야 하기 때문이다.

공사기간 산정의 문제

전통건축물을 복원하거나 보수하는 데 있어 현대건축의 시각에서 바라보고 작업을 진행해서는 안 된다. 전통미장 재료인 흙이나 석회는 기경성 재료로서 시멘트처럼 굳는 것이 아니고 공기 중의 탄산가스와 반응하여 건조·경화되는 것으로, 여름 장마철에는 미장재료가 오히려 습기를 빨아들여 건조되지 않으므로 미장작업을 공사기간에 산입하면 안 된다. 하지만 현실에서는 이와 같은 조건을 고려하지 않고 공사기간을 산정하고 있다. 또한, 초겨울만 되어도 건조·경화되지 않는데도 공사기간을 촉박하게 정하여 공사를 진행하고 있다. 그러다 보니 현장에서는 공사기간을 맞추기 위하여 눈을 피해 가며 시멘트를 사용하고 있기도 하다. 더구나 현대건축 현장에서조차 겨울철이면 습식공사를 강제로 중단하는데, 전통건축인 문화재를 보수·복원하는 현장에서 준공일자를 맞추기 위하여 혹한기에도 작업을 하고 있는 실정이다.

공사기간의 산정에 있어 준공 날짜에 억지로 맞추는 방식은 피하고 기후, 재료의 수급, 인력의 공급 상황 등을 고려하는, 즉 사정 변경에 대하여 이해하려는 제도가 필요하다.

도급방식의 문제

공사계약 방식에는 정액도급방식, 단가도급방식, 실비청산(정산)방식이 있다. 그런데 문화재 수리는 양질의 공사가 가능한 실비정산방식이 제일 좋은데 공사가 조잡해지고 부실 우려가 있는 정액도급방식으로 도급되어 문제가 있다.

지도·감독자 선임

전통문화재 건축물은 해당 관청에서 관리 감독하고 있는데 그 업무를 맡고 있는 위원회의 역할은 매우 중요하다. 그러나 위원들의 면면을 보면 학계나 기술자를 중심으로 구성되어 있어 기능에 대한 현장성이 제대로 반영되지 못하고 있다.

그 결과, 기술과 이론에만 편중되어 기능에 대한 이해 부족으로 잘못된 지도와 결정을 하게 된다. 즉, 경험적 지식으로 해결되어야 할 문제를 현장 경험이 없는 이론적 지식에 의해 해결하려는 것은 한계가 발생하게 된다. 손으로 하는 일의 특수성이 학문적 이론과 형식으로 인하여 본질이 훼손되어서는 안 되기 때문이다.

따라서 전통건축 분야의 위원회를 구성할 때 학계와 기술 분야의 인원으로만 구성할 것이 아니라 능력 있는 전문 기능인도 해당 분야의 위원으로 참여할 수 있도록 관련 규정을 개정하고 전문 기능인의 참여를 유도해야 할 것이다.

체계적인 교육

현재 우리나라 전통미장인 한식미장기능자의 수는 2015년 기준으로 451명이다. 그런데 시공방법은 기능자에 따라 제각각으로 규격화하지 못하고, 재료 사용은 정량화되어 있지 않다. 이러한 현상은 도제방식에 의해 기법이 전수되거나 현대건축에서 시멘트미장을 하던 기능공이 유입된 결과다. 또한, 기법과 기능에 많은 차이가 있으나 기능자들은 자기 기능 제일주의에 빠져 있다.

이러한 현상은 매년 치르고 있는 한식미장기능자 시험에서도 볼 수 있는데, 외엮기를 할 때 밖에서 하거나 아래서 위로 엮거나 하는 등 시공방법이 제각각이다. 이 분들이 전통건축 현장에서 20~30년 일을 한 분들이니 더욱 안타까운 일이다.

전문기술자격인 문화재기능인 시험에서 보면 연령대마다, 지방마다 서로 다른 공법으로 시험을 치르는 것을 볼 수 있는데 어떤 방법이 표준기준인지 알 수가 없다. 이것은 체계적이지 않은 단순한 도제교육으로 원칙과 통일성이 없는 학습에 의한 결과라 생각된다.

문화재 건축물은 건축물의 특성상 장소와 시대적으로 또는 장인마다 당초 시공기법이 다를 수 있지만 원형을 보존하는 데 있어 구조적 안정성, 건축물의 기능과 성능 그리고 미관을 고려해야 하는 것은 공통점이다. 이러한 문제점을 해결하기 위해서는 체계적인 전통미장 교육이 필요하며, 교육을 통하여 장소·시대·장인마다 결과물이 다를 수 있다는 이유가 설명되어야 할 것이다.

현재 우리나라에서 전통미장을 교육하는 곳은 사회적 기업에서 구성원을 대상으로 하는 전통미장 교육과 전문인 과정이 있고, 대학의 건축과에서 이론적 시공방법과 간단한 실습을 해보는 정도다. 그리고 친환경건축을 위하여 흙미장을 교육하는 곳이 있지만 기초적인 이론과 작업 방법을 교육하는 정도에 불과하다. 그러한 교육으로서는 전통미장의 기능을 제대로 익힐 수 없으며, 실습 교육을 받거나 일을 해보지 않고서는 기법이 가지고 있는 특성이나 재료의 특성을 감각적으로 이해하기 어렵다. 이렇게 체계적인 기능 교육이 이뤄지지 않는 상황에서 전통미장을 하는 기능인들은 점점 고령화해 가고, 전통미장을 배우려고 하는 젊은 층은 유입되지도 않아 전통미장기법의 맥이 끊어질 위기에 놓여 있다.

그러므로 전통미장에 대한 체계적인 교육을 할 수 있도록 대학교나 전통건축 직업학교, 기능대학, 건축시공 교육과정을 운영하는 특성화고교 등에서 전통미장 교육과정을 개설하여 전통기법의 맥을 잇도록 해야 한다.

자격 제도의 정착

국가는 기술자나 기능자 중에서 일정한 시험을 치르고 합격한 자에 한하여 전문기술자격을 부여하고 있다. 그러나 문화재 수리가 전문적·효율적으로 이루어질 것으로 기대하는 본래 목적과는 다르게 형식적으로 업체 등록 시 자격 요건으로만 되어 있고 실제 현장에서 일하는 사람의 대부분은 무자격자들이다. 복원·보수 현장 안내판에 기능자 이름은 써 있지만 정작 그 사람은 그곳이 어디인지, 무슨 일을 하는지조차 모르는 경우도 있다.

이러한 문제 해결을 위하여 국가에서 인정한 유자격자가 실질적으로 보수·복원에 참여할 수 있도록 해야 한다. 자격취득자는 그 분야의 최고가 아니라 어느 정도 수준을 평가하는 것이므로 중요한 일에는 유자격자가 배치되도록 꾸준히 노력해야 할 것이다. 그리고 기술·기능자가 현장에 배치되어 일을 하였을 때 그에 상응하는 보수가 지급돼야 하는 것은 제도 정착에 있어 매우 중요한 일이다.

(3) 진정성 없는 시공의 문제

전통기법의 단절이 전통건축물의 내구성에 미치는 영향은 매우 크다. 한 연구 결과를 인용하면, "벽화가 건물의 일부라는 점에서 벽화의 생명은 건물의 상태나 수명과 밀접하게 관련이 있다. 그러므로 바탕벽 자체에 손상이 생길 경우 자연 벽화도 손상된다."라는 것이다. 또한 "벽화는 벽골(壁骨)을 중심으로 진흙을 바르고 그 위에 그림을 그리는데 그림이 그려진 부분까지는 그 두께가 보통 90~150mm가 된다. 이 두께에서 그림 층이 차지하는 두께는 1mm 내외가 되기 때문에 그림의 보존은 전적으로 벽체에 의존한다."라는 것이다.[4]

국보 제67호인 구례 화엄사의 각황전을 사례로 보자. 각황전 포벽면에는 화공이 그린 그림이 있는데, 포벽의 미장면에 박락과 균열이 발생되어 보수하면서, 그 결과 그림이 훼손되어 버렸다. 이러한 작은 부분들이 모여 하나의 건축물을 만들

4 백찬규, 〈우리나라 建物壁畵와 그 保存에 관한 研究〉, 미술사학회, 1992, p. 10.

포벽 1

포벽 2

포벽 3

미켈란젤로의 〈아담의 창조〉

〈이브의 얼굴〉

미켈란젤로의 〈천지창조〉

이상범 화백 고택의 꽃담장

고 국가보물로서 지정되어 관리되는바, 단순하게 미장공사의 부실만을 생각하지 말고 문화재적 가치가 있는 그림의 훼손 원인이 어디에 있는지 심각하게 고민하고 보수작업을 했어야 할 일이다.

미켈란젤로의 〈천지창조〉의 경우도 그렇다. 미켈란젤로의 작품을 감상하기 위해 전 세계에서 관람객들이 물밀듯이 밀려들어 몇 시간씩 기다리기도 한다. 그런데 이 미켈란젤로의 작품도 이제는 본래의 작품인지 걱정할 때가 되어 간다. 건축적 의미와 문화재적 가치에서 접근해 보면, 너무 많은 부분이 보수되어 이제 이 작품을 원래의 작품이라고 보기 어렵다는 의미다. 세월의 흐름에 따라 그림의 바탕면이 균열투성이가 되어 보수작업을 하다 보니 현재는 원형과 다른 모양이 다수 발견되고 있는 것이다. 이는 위대한 예술 작품을 원형대로 유지할 수 있게 하는 바탕 조성작업을 소홀히 했다는 의미다. 그저 멀리서 바라보며 감탄은 하지만 실제 내용의 진정성이 훼손되어 가는 것에는 관심이 부족한 실정이다.

근대문화유산으로 등록된 서울의 이상범 화백의 고택도 비슷한 사례다. 이 화백의 고택 담장에는 문화재적 가치가 있는 벽화가 있었다. 이 벽화는 단순한 그림이 아니라 벽면에 음·양각기법으로 되어 있는, 최근에는 보기 어려운 기법의 작품이었다. 그러나 시멘트블록으로 쌓은 담장의 수명이 다되어 부스러지자 벽화도 같이 훼손되고 말았다.

서울시에서 한옥마을로 지정하여 많은 예산을 지원하고 있는 남산 한옥마을, 가회동 한옥마을, 은평 한옥마을 등도 구조 형식만 전통한옥일 뿐 벽체·담장·천장 등은 현대건축의 방법을 그대로 적용하고 있다. 벽체에 스티로폼을 넣고 시멘트벽돌이나 블록이 사용되는 것이 허용되고, 담장 겉모습은 전통 와편담장처럼 만들었지만, 시멘트블록 담장에 기와를 재단하여 타일 접착제로 붙인 다음 가공된 황토를 발라 시공하고 있는 것이다. 이러한 공법으로 시공된 것을 전통공법에 의한 한옥보존마을이라고 할 수는 없다.

이러한 현상은 전통기법의 변형과 전통재료에 대한 선택의 문제 그리고 시멘트와 화학 첨가물의 사용에 기인한다. 목조 건축물의 내구성은 천 년을 목표로 한다. 따라서 건축물의 목표 내용연수에 맞게 원형을 보존하여야 하는데, 흙에 시멘트를 섞어 쓰거나 화학적 혼합물을 사용해 시공해서는 그 전통건축물의 계획된 내구연한을 달성할 수가 없다. 시멘트의 재령보다 흙을 중심으로 한 전통건축 재료의 내구성이 훨씬 길기 때문이다. 화엄사 각황전의 포벽미장이 구조적으로 안전하게 시공되었거나, 이상범 화백의 고택도 전통기법을 활용하여 흙으로 구운 벽돌과 석회반죽을 이용해 담장을 쌓았다면 그 건축물과 같이 벽화도 보존할 수 있었을 것이다.

물론 관련 법률에서는 전통건축물을 보수·복원·관리함에 있어 원칙과 방법을 정해 놓고는 있다. 문화재수리 등에 관한 법률은 "전통건축의 수리·복원에 있어 문화재의 원형보존, 문화재의 환경보존 및 조성, 문화재의 과학적 보존 및 효율적 관리, 문화재 수리공사의 정확한 기록 유지"를 기본 원칙으로 정하고, 문화재 수리에 대해서는 "철저한 현장 정밀조사 분석 및 원형 고증조사, 고증조사에 의한 성실한 설계시공, 전통기법의 발굴 연구 및 전승, 양질의 전통자재 사용으로 견고한 시공, 수리보고서 등 공사기록 보존 유지, 조화된 전통조경 및 환경 복구, 기존 자재의 최대 활용, 기존 자재의 보강 재사용, 부식의 예방조치"와 같은 기본 방침을 정해 놓고 있는 것이다.

또 특별히 미장부문에 대하여 "전통 재래벽체의 고증조사로 원형 재현과 시멘트모르타르 시공부분 등의 복원 정비"라고 하는 과제를 제시했다. 이와 같이 기본원칙은 있으나 실제 작업 현장에서 시행하는 과정에서는 그 원칙과 방법을 찾아보기 힘든 게 우리의 현주소다.

외엮기

맞벽치기를 하는 모습

　○○궁궐 실측·수리 보고서를 보면, 기존에 있던 벽이 나무 졸대에 시멘트 뿜칠을 하였던 것이기 때문에, 보수를 하면서 그와 같은 방법으로 졸대를 대고 시멘트를 발라 보수했다고 기록되어 있다.

　○○궁궐 복원공사 보고서를 보더라도 문화재 표준시방서가 있다는 것이 무색할 정도로 외엮기 방법이 잘못되었다. 문화재 표준시방서에는 눌외를 엮고 중깃과 중깃 사이에 힘살 또는 설외를 30~50mm 간격으로 눌외나 가시새에 엮도록 되어 있으나 중깃만 넣고 설외나 힘살은 생략되었다. 외대가 대나무로 사용되었으므로 가시새는 생략됐다 하더라도 시방서에 규정된 것과 같이 설외는 반드시 엮었어야 구조적으로 문제가 없는 것인데 생략된 것이다. 마감을 하기까지는 여러 차례의 공정을 거쳐야 한다. 하지만 이미 벽체의 틀을 만드는 데 이런 방법으로 진행되고 있으니 문제가 되는 것이다.

　중요민속자료로 지정된 한 초가집 수리 보고서에도 미장공사 부문에 대해 "마감면이 탈락되어 벽체 외를 엮은 부분이 노출되었다."라고 기록돼 있다. 그러나 이는 필자가 조사한 결과와는 다르다. 초가집의 어느 벽체도 외엮기 방식으로 되어 있는 곳이 없었다. 졸대널 바탕에 초벽을 치고 마감을 하였던 것이 온통 탈락되었던 것이다.

　여기서 우리는 전통건축물 보수·복원에 일관성이 없음을 알 수 있다. 민속자료인 초가집은 중간에 벽체를 보수하였을 가능성도 있지만, 보고서의 "보수 당시 외엮기로 되었으니……"라는 내용은 사실과 다르다는 것이다.

　자세히 살펴보면 ○○궁궐 보수작업 시 기존에 시멘트 뿜질을 하였기 때문에 또다시 시멘트로 마감했다고 하고, 중요민속자료인 초가집은 졸대널 바탕을 외엮기

5 조영민, 〈17C 이후 니장(泥匠) 기법 변천 연구〉, 명지대 박사논문, 2014.

표 1-1 영건의궤의 벽체 미장재료[5]

No	의궤 목록	세사(細沙)	사벽(沙壁)	휴지(休紙)	교말(膠末)	진말(眞末)	백와(白瓦)	백토(白土)	곡초(穀草)	마분(馬糞)
1	창경궁수리소의궤	○		○	○	○	○			
2	창덕궁창경궁수리도감의궤	○			○		○			
3	창덕궁만수전수리도감의궤	○		○		○				
4	영녕전수개도감의궤	○		○	○		○			
5	남별전중건청의궤	○		○	○		○			
6	경덕궁수리소의궤		○	○	○					
7	종묘개수도감의궤	○					○	△	○	
8	진전중수도감의궤				○			△	○	
9	의소묘영건청의궤				○			△	○	
10	수은묘영건청의궤		○					○	○	
11	건원릉정자각중수도감의궤		○	○	○					
12	경모궁개건도감의궤		○	○				△		
13	진정중수영건청의궤		○					○		
14	현사궁별묘영건도감의궤	○	○		○					
15	서궐영건도감의궤	○	○							
16	창경궁영건도감의궤	○	○					△		
17	창덕궁영건도감의궤	○	○					△		
18	종묘영녕전중수도감의궤	○	○	○	○			△		
19	남전증건도감의궤	○	○					△		○
20	진전중건도감의궤	○	○					△		○
21	경운궁중건도감의궤	○	○					△		○

6 이권영, 〈산릉영건의궤 분석을 통한 조선시대 건축에서 회벽의 존재 여부 고찰〉, 건축역사 연구, 2010.

표 1-2 일부 궁궐 제 건축물의 벽미장 구성재 내역[6]

공사명	건물명	벽 정벌마감 구성 재료					착칠(着漆)			비고
		사벽(沙壁)	세사(細沙)	교말(膠末)진말(眞末)	휴지(休紙)	백토(白土)백와(白瓦)	황토(黃土)	진분(眞粉)	삼록(三綠)	
창경궁수리 (1633년)	1소	476석		2석 12.5두	51근	190석				사벽
	2소		25태	31두	21근	8태				사벽
	3소		입량	49두	95근	입량				사벽
창덕궁창경궁수리 (1652년)	창덕1소		30태	7+15두			15태	86근	43근	사벽

로 변경하여 수리했다고 하는 것은 전통건축 수리·복원에 있어 일관성을 해치고, 전통미장의 근간을 흔드는 일이라고 본다.

물론 문화재수리법과 문화재 수리 담당자 보수 교육 등에서 미장공사의 재료 선정과 시공방법에 있어 전통기법을 강조하고 있지만 실제 시공 현장에서는 전통이 아닌 변질, 변형된 방법으로 작업이 이뤄지고 있다는 게 문제다.

(4) 전통미장 재료와 시공에 대한 이해 부족

전통건축물의 견실한 보존·관리를 위해서는 전통재료의 선택과 전통공구를 사용한 시공방법에 대한 계승이 필요하다. 전통재료와 전통공구를 사용하여 시공된 결과물의 품질과 현대재료와 현대공구를 사용해 시공한 결과물의 품질이 다르기 때문이다.

우리나라의 전통미장 재료와 기법은 일제강점기를 거치면서 변형되기 시작하여 현재는 변형된 재료와 기법이 전통이란 이름으로 정착되고 있다. 현장에서 여전히 일본말을 사용하고 있는 것도 안타깝다. 예를 들어 마무리는 시야기, 회반죽을 우아노리로, 풀을 노리로, 구석을 지리로, 아직까지 일제강점기에 사용하였던 용어 그대로 사용하는 사람이 많다.

우리는 일제강점기부터 전통미장을 니장에서 미장이라고 부른 것에서 전통미장 재료가 흙에서 시멘트 등 가공재료로 변화하는 과정이었음을 알 수 있다. 특히, 전통미장 재료 중에서 백토(白土), 말똥(馬糞), 종이여물(休紙), 밀가루(眞末), 수수쌀(糖米), 느릅나무껍질풀(楡皮煎水) 등을 사용하는 곳은 이제 찾아보기도 힘들어서 이러한 재료를 활용한 기법은 중단되었다.

기록에 따르면 17세기 전까지 벽체용 정벌미장 재료로는 백토·마사토·종이여물·교말[(膠末): 밀가루풀, 쌀풀, 수수풀 또는 느릅나무풀]을 사용하고, 18세기 이후부터 석회를 주로 사용했다고 볼 수 있다.

즉, 벽체의 정벌미장 방법은 시멘트나 석회를 사용하지 않고 백토를 중심으로 한 정벌미장 방법, 석회를 사용한 정벌미장 방법, 근래에 와서 사용하는 시멘트를 혼합한 미장작업으로 구분할 수 있다.

그러므로 문화재 복원작업 시 직전에 석회를 사용한 정벌작업이 전통적인 방법이라고 단언하고, 직전에 시멘트 뿜질을 하였으니 그대로 복원한다고 시멘트 뿜질로 수리·복원해서는 안 되며, 그 건축물의 창건 당시의 미장기법이 무엇인지 조사하여 그 기법으로 작업해야 할 것이다.

전통목조에 시멘트블록을 쌓고 황토 모르타르 미장을 하는 모습

(5) 한국식 전통미장기술의 고유성에 대한 이해 부족

그동안 전통건축물의 보존·관리가 양적으로는 많은 성장을 해 온 것도 사실이다. 그러나 양적인 성장에 치중되어 전통건축의 본질적 진정성과 안정성 측면에는 많은 문제점이 드러나고 있다.

지금 대외환경은 나라마다 역사문화환경 보존의 중요성에 대한 인식의 확대, 국가 간 자국 문화 홍보 경쟁, 전통문화에 대한 권역 확대 등 시시각각 변하고 있다. 사실 우리나라의 문화유산 몇몇은 이미 유네스코 세계문화유산에 등재되어 있다. 따라서 전통건축물 유지 관리도 한국이라는 좁은 틀 속에서 바라볼 것이 아니라 세계적 역사문화환경의 변화 추세에 맞게 이뤄져야 할 것이다.

목재로 기둥을 세우고 기와를 잇고 나면, 벽체는 시멘트블록이나 벽돌을 쌓고 시멘트제품이나 혼화제를 사용하여 미장을 하거나, 스티로폼과 합판을 붙인 다음 페인트칠을 하고 나서는 전통건축이라며 내외국인들에게 한국 문화라고 자랑해서는 안 될 것이다. 이렇게 한국 건축문화의 유지 발전에 해가 되는 변형된 건축 행위는 더 이상 하지 말아야 한다.

또한, 후손들이 변형된 재료 사용과 기법으로 시공된 건축물을 해체하여 보고 그것을 전통기법으로 오해할 수 있으므로 더 이상 변형된 기법이 전통으로 자리 잡지 못하도록 지금이라도 원칙을 세워야 한다.

무엇보다 전통건축을 대표하는 궁궐의 보수·복원 현장에서 우리의 정체성과 전통성이 결여된 재료의 사용과 기법이 적용되어서는 안 되며 세계적인 우리 문화유산의 온전한 정통성을 유지하도록 노력해야 한다.

현재 우리의 현실은 전통미장을 하는 기능공은 고령화해 가고, 변형된 기법이 전통적인 기법으로 자리를 잡아가고 있는 처지에 있다.

그런데 우리의 전통미장기법은 자연친화적 재료를 활용한 공법이므로 온 인류의 공동 목표인 지구환경을 살리는 데도 일조할 수 있는 친환경기법이고, 흙을 비롯한 자연재료의 내구성과 성능이 현대재료에 비하여 우수하므로 실용적인 측면에서도 접근이 가능하다는 사실을 알아야 한다.

다시 말해 전통미장기법의 발전을 위해서는 전통기법에 대한 잘못된 인식에서 벗어나 공법을 바로잡고 정책적 오류에 대해서는 소신을 가지고 과감하게 정비하여야 한다. 전통건축의 보존과 관리 그리고 발전을 위해서는 내재된 정신문화만 계승하려고 해서는 안 되며, 전통건축만이 가지고 있는 구조적 형태와 기능적인 측면과 시공방법도 강조되어야 한다. 전통건축물의 원형보존을 위하여 진정성과 안정성이 훼손되지 않도록 단절 위기에 놓인 전통미장기법을 지키고 계승 발전시켜야 할 것이다.

(6) 양적 성장에 따른 장인들의 사고

전통건축 장인들은 사농공상의 신분제 환경과 일제강점기, 외래 건축기술의 도입 과정을 거치면서 자기주도적이지 못하고 피동적 위치에서 작업을 해 왔다. 현재는 양질의 시공보다는 양적 생산을 중시하는 관리 감독자들의 의사 결정 구조 속에서 피동적 직업군 위치로 자리 잡음으로써 작업에 대하여 능동적이지 못한 것은 물론 결과물에 대한 자긍심이나 문제 발생에 대한 책임감도 부족한 상황에 몰려 있다.

이렇게 장인들이 능동적이지 못하고 피동적 사고에 함몰됨에 따라 일의 생산성과 품질이 저하되는 구조로 정착되고 만 것이다. 따라서 제도에 의한 지도 감독의 구조적 문제 개선과 함께 장인들의 의식 전환도 반드시 필요하다.y

_3 미장공사의 요구 성능과 요구 조건

01. 개요

미장공사에 요구되는 성능과 조건은 재료의 종류, 사용 목적, 시공 장소, 기후 조건 등에 따라 다르다. 그 성질이 각각이어서 정량적·규격적인 조건과 성능으로 설명하기가 어렵고, 재료 사용 목적에 대한 중요성을 수치로 나타내기도 어렵다. 특히, 전통미장 재료는 공장 생산이 아니라 자연환경에서 공급되는 것이 대부분이어서 재료 공급의 지역적 특성과 시공 환경에 많은 영향을 받기 때문이다. 본문에서 설명하는 요구 조건과 성능도 구체적이고 정량적으로 설명하는 데 한계가 있어 일반적인 건축재료의 요구 조건과 성능을 설명하였다.

02. 미장공사의 요구 성능

인간이 건축과 관련하여 무엇을 요구할 것인가 하는 문제는 건축 행위의 기본이 될 것이다. 따라서 미장작업에 있어서도 요구하는 기본 성능에 잘 부합되도록 해야 할 것이다. 1971년도에 조사 연구한[7] CIB(Comission Internationale Building) W45위원회가 발표한 인간 요구의 리스트 중 미장부분에 해당하는 사항만 살펴보았다.

7 김무한·신현식·김문한, 《건축재료학》, 문운당, 1990, p. 422.

(1) 외부 환경에 대하여 구조체를 보호하는 성능

미장공사는 건축물의 내구 수명에 영향을 주는 외부 환경 조건에 대하여 방어적 기능을 해 구조체를 보호하는 기능을 한다. 구조체의 피복 두께를 보충하여 산성비·이산화탄소·자외선으로부터 구조체의 내구성을 저하시키는 요인을 미리 예방하며, 특히 방수·방습 기능을 담당하여 산성 빗물 침입으로 인한 목재·철근·철골 등 구조체의 부식과 부패를 예방하는 기능을 한다.

(2) 화재가 발생하였을 때 인명과 재산을 보호하는 성능

미장재료 대부분이 무기물 내화성 재료로서 방화성 기능을 담당한다. 최근에는 각종 수지재료 등 비내화성 미장재료가 개발되기도 하지만, 흙·석회·시멘트·석고 등 내화재료의 시공으로 화재 시 구조체의 전도 방지 또는 전도시간을 지연시켜 내실자의 구조 대피와 물건의 반출을 가능하게 한다. 방화재료는 주로 내장재료, 내화재료는 구조재이지만 일반적으로 방화재료라고 부른다.

(3) 외부 조건에 의해 인체가 오염되지 않도록 하는 성능

미장공사는 각종 유해가스, 부유분진, 일산화탄소, 아황산가스, 이산화탄소, 휘발성 유기화합물 등 인체를 오염시키는 요인을 차단하는 기능이 있다.

(4) 인간이 살아가는 데 필요한 온도와 습도 조절 성능

사람이 쾌적감을 느끼는 조건은 계절에 따라 약간의 차이는 있으나, 무풍 시 실내온도 18℃, 습도는 40~65%라고 한다. 미장재료는 열전도율이 비교적 낮으며 냉기류와 열기류를 고루 차단하고 실내 습도를 골고루 유지시키는 기능을 한다. 이러한 기능은 한식미장 주재료인 황토가 시멘트모르타르보다 매우 우수하다.[8] 황토는 온도와 습도가 높을 때 흡수하고 온도가 낮거나 건조하면 발산하여 온도와 습도를 조절하는 것이다.

(5) 항균·탈취 성능

미장재료 중에서 한식미장 재료인 황토는 하나의 화합물로 제독제, 해독제[9], 항균, 탈취 기능을 한다. 실제 수백 년이 지난 건물의 벽체를 해체하여 보면 황토벽이나 천장 속에 들어 있는 짚여물이나 외를 엮은 새끼줄이 그대로 보존된 모습을 볼 수 있다.

8 김상능, 〈생태적 방법에 의한 전통주거 분석과 응용에 관한 연구〉, 건국대 석사논문, 1991, p. 41.

9 李時珍, 《本草綱目土部第七卷》, 도서출판 醫聖堂, 1993, p. 425.

(6) 원적외선 방출 성능

미장재료는 원적외선을 방출한다. 원적외선은 인체의 신진대사의 기능 활성화 작용을 하고 자정작용, 소취작용, 발한작용, 공명·공진운동 등을 하는 것으로 알려져 있다. 재료 중 시멘트모르타르의 원적외선 방출량은 70% 정도의 화학적 결합이고, 황토재료의 원적외선 방출량은 85~95%가 물리적 결합이다.[10]

10 조형찬, 〈황토를 이용한 공동주택의 온열환경에 관한 연구〉, 수원대 석사논문, 1999, p. 11.

03. 미장공사의 요구 조건

미장공사의 요구 조건은 건축의 3요소를 충족하는 조건에 맞추어 구조적으로 안전한지, 사용 용도에 맞는지, 아름답고 편안하고 잘 어울리는지의 요구 조건에 맞도록 해야 한다.

(1) 소요강도(부착성, 내구성, 내마모성, 내충격성)가 있어야 한다

미장공사는 마감공사로서 외부의 충격에 견딜 수 있어야 하고, 특히 바닥이나 징두리·벽·계단은 내충격성과 내마모성이 요구된다. 충격에 잘 견디기 위해서는 부착성이 좋아야 한다.

(2) 시공성이 용이해야 한다

아무리 성능이 좋아도 시공성이 용이하지 않는 미장재료와 공법은 도입하기가 어렵다. 최근에는 건축비 중 인건비가 차지하는 비중이 높아지면서 시공성에 대한 요구가 높게 나타나고 있다. 수작업에서 벗어나 진흙반죽 등 전통적 기법을 특별히 요구하지 않는 한 기계를 사용하는 작업에도 용이하도록 재료와 공법을 선택하여야 한다.

(3) 미관이 아름다워야 한다

미는 건축의 3요소에 포함될 만큼 중요하다. 미관이 흉하거나 조화롭지 못하거나 혐오스럽지 않도록 시공하여야 할 것이다. 건축물의 품질을 평가하는 데 있어서도 마감부분인 미장공사가 차지하는 비중이 매우 높다. 미적 감각을 표현하는 방법은 여러 가지가 있지만 성능에 맞는 재료와 기법을 선택하고 숙련공의 정성스런 작업이 있어야 미적 요구 조건을 충족할 수 있다.

(4) 평면성 및 평활도가 요구된다

조면 색조 등에 부합되고 반점이나 얼룩이 없어야 하며, 바닥공사는 평면성에 중점을 두어야 하고, 벽체도 평활하도록 시공하여야 한다. 이러한 평면성은 기계적인 평면성을 요구하는 것은 아니다. 즉, 사람의 흔적(human touch)조차 없는 평면성을 요구하는 것은 아니다.

(5) 알칼리 및 산성에 대한 내성이 있어야 한다

미장공사는 외부와 직접 접하는 면이 대부분이어서 기후와 화학약품 등에 의한 알칼리성 및 산성에 대하여 내성이 있어야 한다.

(6) 경제성이 있어야 한다

경제성은 모든 건축 활동의 목적이 되기도 하지만 미장공사에도 마찬가지다. 미장공사의 목적에 잘 부합되는 재료와 시공방법을 선택해 경제성이 있는 공사가 이뤄져야 한다.

(7) 유지 관리가 편리해야 한다

건축물은 한 번 생산되면 내구연한이 다 되도록 사용하게 된다. 마감재인 미장공사는 박락, 박리, 변질, 오염, 마모, 충격에 의한 파손이 생겨 보수하여 사용하는 경우가 많다. 따라서 보수재료의 구입과 보수방법이 언제든지 가능하도록 하여야 한다. 한 번 생산되고 중단되는 재료 또는 검증되지 않고 시험 중인 재료는 가능한 한 피하는 것이 좋다. 시공방법에 있어 국부적 보수가 가능하도록 하여야 하며, 일부 보수 원인으로 건물 전체를 보수하는 일이 없도록 시공해야 한다.

(8) 소요 두께가 요구된다

요구되는 성능을 충족하기 위해서는 미장 시공 두께가 요구된다. 바닥은 24mm, 콘크리트 또는 시멘트벽돌 바탕의 경우 벽체는 18mm, 천장부분은 15mm 정도의 두께가 표준이다. 한식미장인 외대 바탕의 경우는 인방의 두께만큼의 살을 붙이는 것으로, 시멘트모르타르의 미장과는 다르지만 방한·방습·방풍을 위해서는 필요한 두께가 요구된다.

회벽의 박락현상

맞벽의 부착력 부족현상

(9) 박리, 박락, 변질, 오염이 없어야 한다

접착불량으로 인한 박리·박락, 재료불량 또는 불량시공으로 인한 변질이 없어야 한다. 박리·박락은 공정 간에 작업시간 조절과 바탕 처리가 매우 중요하며, 접착제의 미사용으로도 발생된다. 변질·오염은 주로 천연재료에서 발생되며, 해초풀·쌀풀·유피진수 등 접착제와 혼합된 미장재료에서 많이 발생하므로 천연 접착제가 부패되지 않도록 해야 한다.

(10) 방수, 방습, 방음, 차음, 보온 등에 부합한 시공이 필요하다

미장공사의 요구 성능에도 해당되며 이와 같은 성능에 잘 부합되도록 하기 위해서는 양질의 재료 사용과 숙련공의 세심한 주의 시공이 요구된다. 특히, 전통 미장 재료의 단점인 방수·방습에는 각별한 주의가 필요하다. 처마 길이를 길게 하거나 외벽에 석회나 풀을 사용하는 것이 그 대안이 될 수 있다.

_4 전통 한식미장과 현대미장의 비교

　현대미장과 한식미장을 시대적으로 명확하게 구분하기는 매우 어렵다. 이것은 공법의 단절과 시작이 명확하지 않고 한식미장과 현대미장이 혼용된 시기도 있었기 때문이다. 특히, 일제강점기에 들어 기법의 변형과 용어의 혼돈 시기가 있었고, 전통 한식미장기법이 제자리를 찾지 못한 상태에서 현대건축기법이 도입되면서 현재까지도 전통 한식미장의 정체성은 불분명하다. 실제로 문화재 보수 현장이나 전통건축 현장에서는 아직도 전통 용어와 일본식 용어, 서양식 용어가 혼용되고 있어 많은 혼란을 가져오고 있다.

　구분의 중요한 요소는 어떤 재료를 사용하는가다. 시멘트가 생산 보급되면서[11] 전통미장 재료의 사용이 급격히 줄어들게 되는데 재료의 물성이 기경성과 수경성으로 서로 상반되는바, 이 부분에 대한 이해는 매우 중요하며 한식미장을 하는 데 기초가 될 것이다.

　시멘트산업이 발달되기 전에 사용하였던 흙이나 석회재료는 현대재료인 황토색 모르타르나 황토색 퍼티로, 석회의 색을 내기 위한 백색 시멘트, 백색 퍼티, 백색 페인트로 대체되었다. 현재 한옥마을 단지를 조성하고 있는 ○○한옥마을이나 ○○한옥호텔 등 대부분은 외형만 전통한옥일 뿐 속내는 판넬에 현대식 재료인 퍼티나 본드, 백색 시멘트, 백색 줄눈용 모르타르를 발라 마감을 하고 있는 실정이다.

　이러한 시공방법으로 지어진 건물을 한국식 전통건축이라고 하면서, 외형만 번

11 1919년 평양 승호리에 세워진 공장이 우리나라 최초의 시멘트 공장이다.

듯하고 시공재료나 시공방법 등의 내적인 정체성은 잃어 가고 있는 것이 현재 한국식 전통건축의 모습이다.

이런 일이 일반화되면서 한국의 전통미장기술은 외래 건축문화에서 기인한 기법으로 변형되어 정착돼 가고 있는 것이다. 이러한 현상은 내재된 전통성이나 사람에게 유익한 건축을 추구하기보다는 경제성을 우선적으로 강조하여 나타난 일이다.

감독관청의 현장점검 결과에서도 이런 사례를 볼 수 있다. 사적 제132호인 강화산성 성곽 복원공사 시 마감 처리하는 일부 과정에서 강회로 처리해야 할 것이 설계도서와는 달리 시멘트로 처리한 것이 확인되었고, 사적 제159호인 강화 선원사지 석축공사에서는 규격에 맞지 않은 석재를 사용하는 등 시공이 부실한 것으로 드러났다.

당시 문화재청에서는 특별점검 지적 사항에 대해서는 시·군에 통보하여 시정토록 조치했지만, 앞으로도 지속적으로 문화재 수리공사 현장을 불시방문하여 현장관리 실태, 부실시공 여부, 안전관리 실태 등을 점검해 수리공사에 따른 다각적인 문제점을 분석하고 이에 따른 개선방안을 마련하여야 할 것이다.

이제는 전통재료의 사용과 전통기법의 작업이 어렵고 시공이 불편하다는 고정관념에서만 보지 말고 현대생활에도 유용하게 활용될 수 있다는 사실을 알고 전통미장과 현대미장을 비교해야 할 것이다.

표 1-3 전통 한식미장과 현대미장의 비교

구분 항목	전통 한식미장	현대미장
시대적 구분	일제강점기 이전	일제강점기부터 현재까지
대상 건물	목구조, 흙벽돌 조적조, 판축다짐조	철골, 콘크리트, 시멘트벽돌 조적조, 목구조
재료의 특징	흙·석회 등 기경성 재료 중심	시멘트·석고 등 수경성 재료 중심
장점	① 친환경적인 재료를 사용한다. ② 온도와 습도 조절능력이 있다. ③ 인체 유해성분이 비교적 적다. ④ 건축물 폐기 시 폐기물 처리가 문제되지 않는다. ⑤ 내구성이 길다.	① 재료의 특성상 계획된 공정 시공이 가능하다. ② 방수성이 좋다. ③ 요구 강도를 충족할 수 있다. ④ 내충격성·내마모성이 있다. ⑤ 작업시간 단축으로 공사비를 줄일 수 있다.
단점	① 공사기간이 길다. ② 날씨가 공사기간을 좌우한다. ③ 방수성·방습성이 부족하다. ④ 강도가 부족하다. ⑤ 내충격성·내마모성이 부족하다. ⑥ 작업기간 지연으로 공사비가 늘어날 수 있다.	① 시멘트 유해성분이 많다. ② 온도와 습도 조절능력이 부족하다(결로현상). ③ 건축물 폐기 시 폐기물 처리가 어렵다. ④ 한식미장에 비하여 내구성이 짧다. ⑤ 부드럽지 않고 딱딱하다.

2장

전통미장[泥匠]의
연장과 재료

전통미장에 쓰이는 연장은 현대미장의 연장에 비해 그 종류가 다양하다. 전통
건축의 구조적 특성상 곡선과 조밀한 부분이 많고 때로는 전통재료를 활용하
는 작업에 맞게 사용되어야 하기 때문이다. 전통미장 재료는 현대의 가공재료
에 비교해 자연재료라는 것이 특징이다. 이러한 재료는 문화재 보존 유지상 필
요할 뿐만 아니라 현대 건축물에 적용이 가능한 친환경건축 재료의 대안이 될
수 있기 때문에, 앞으로도 무한한 활용 가치를 지니고 있다. 이 장에서는 전
통미장에 필요한 재료에 대해 기술한다. 특히, 전통미장에 쓰이
는 여러 가지 연장은 사진과 함께 소개했다.

_1 미장 연장

전통미장의 공구는 현대건축의 미장공구에 비하여 종류가 많다. 이는 전통건축과 현대건축의 작업 환경이 다르고 작업부분이 현대건축물에 비해 복잡하기 때문이며, 전통미장의 범위가 현대건축의 미장 범위보다 훨씬 넓기 때문이다. 현대건축에서는 미장·조적·타일·방수 등 습식공사가 세분화되어 있으나, 전통 한식미장에서는 습식 분야를 모두 포함하고 있기 때문이다. 또한, 전통공구를 사용하여 왔던 습관도 연장의 개발이 늦어지게 된 원인이 되기도 한다.

연장의 종류나 표기방법은 시대별, 지역별 또는 기록자에 따라 다르다. 오늘날 괭이를 조선 후기 영건의궤에서는 광이·과이·광히로 표현하였고, 지역에 따라 요즘도 광이라고 부르는 사람이 있고, 흙손을 이만(泥鏝)이라고 하였던 것도 그 사례다.

문명의 발달로 인하여 전통적인 연장이 사라져 가고 있으나 전통미장공사에 어떠한 연장이 사용되었는지는 알아둘 필요가 있다. 미장공구 하나하나가 우리의 문화이기 때문이다. 미장공구의 종류로는 삼태기, 바지게, 지게, 가래, 괭이, 삽, 정, 반달칼, 끌, 자귀, 작두, 장도리(노루발), 나무흙손, 쇠흙손, 모서리흙손, 쇠시리흙손, 긁기흙손, 인두흙손, 황새목흙손, 평줄눈흙손, 면회줄눈흙손, 쌓기용흙손, 뜨기흙손, 흙받기, 솔, 고무래, 달구, 작두, 체(말총체 가는 것), 어레미, 장갑, 먹통, 톱, 실, 망치, 가마니, 나무망치, 쇠스랑, 청소비, 풀솥, 주걱, 줄자, 다림추, 수평기, 물호스, 물통, 물바가지, 질통 등이 있다.

미장공구는 현장에서 만들어 즉석으로 사용하는 경우도 많이 있다. 선자형 서까래 사이 미장이 그런 예다. 기존 공구로는 길이나 넓이가 맞지 않는 경우가 있기 때문이다.

위에서 열거한 연장들도 신석기시대나 그 후 삼국시대와 고려시대를 지나면서 이미 개량화된 미장 연장이라 할 수 있다. 전통연장의 개념도 어느 시대를 기준으로 명확히 구분하는 것은 어려운 일이기 때문에 일제강점기 이전의 연장을 중심으로 전통연장 모양으로 정리하였다. 이러한 연장들은 현대미장에도 유용하게 사용되고 있는 연장이 많다.

표 2-1 영건의궤별 미장공사 연장의 종류와 표기

창경궁 수리 (1633년)	창덕궁 수리 (1647년)	저승전 (1648년)	창덕궁, 창경궁 수리 (1652년)	경덕궁 만수전 수리 (1656년)	영녕전 개수 (1667년)	남별전 중건 (1677년)	경덕궁 수리 (1693년)
鏁伊, 平鏉, 古未乃, 土捧板, 加叱耳, 假叱耳, 可叱耳, 細繩, 熟麻, 馬尾篩, 竹篩	鏁伊, 鋊子,角耳, 加叱耳, 熟麻, 藁索, 草芚, 油芚, 達固木, 馬尾篩, 竹篩	鏁伊, 鋊子, 角耳, 達固木	銑伊, 鋊子, 古未乃, 細繩, 熟麻, 草芚, 油芚, 達古木	銑伊, 鋊子, 獐山伊, 角耳, 方甎錯, 熟麻, 藁索, 油芚, 達古木, 三苔, 馬尾篩, 竹篩	光伊, 鋊子, 獐足, 土手, 仰土板, 獐山伊, 細繩, 三甲所, 熟麻, 藁索, 草芚, 油芚, 達古眞木, 馬尾篩	光伊, 鋊子, 平鏉, 古尾乃, 獐足, 土手, 仰土板, 捧土板, 加耳, 三甲所, 熟麻, 油芚, 三太, 馬尾篩	光伊, 鋊子, 加耳, 達古木

종묘 개수 (1725년)	진전 중수 (1748년)	의소묘 영건 (1752년)	수은묘 영건 (1764년)	경모궁 개건 (1776년)	문희묘 영건 (1789년)	화성 성역 (1796년)	인정전 영건 (1805년)
光伊, 鋊子, 平鏉, 古味乃, 獐足, 土手, 仰土板, 獐山伊, 角耳, 細繩, 熟麻, 油芚, 三太	油芚	鋊子, 加耳, 細繩, 三甲所, 小索, 油芚, 三太, 馬尾篩	鋊子, 油芚, 三太, 達古木	細繩	加耳, 壯道里, 細繩, 三甲所, 草芚, 油芚, 達古木, 柤三台, 馬尾篩, 竹篩	光屎, 鋊子, 斫刀, 細繩, 熟麻, 藁索, 草芚, 油芚, 達甌木, 三太, 馬尾篩, 竹篩	光伊, 鋊子, 半月刀, 加ㄱ耳, 方甎昌鉅, 無齒鉅, 掌道里, 掌匣, 三甲所, 草芚, 油芚, 柤三太, 馬尾篩, 竹篩

현사궁 별묘 영건 (1824년)	서궐 영건 (1832년)	창경궁 영건 (1834년)	창덕궁 영건 (1834년)	인정전 영건 (1857년)	남전 증건 (1858년)	영희전 영건 (1900년)	중화전 영건 (1904년)
光伊, 鋊子, 加ㄱ耳, 長道乃, 細繩, 三甲所, 生麻, 油芚, 柤三台, 馬尾篩, 竹篩	鋊子, 方甎刻耳, 長道里, 掌匣, 細繩, 熟麻, 油芚, 馬尾篩, 竹篩	鋊子, 加ㄱ耳, 方甎加叱耳, 長道里, 掌匣, 細繩, 草芚, 油芚, 柤三台, 馬尾篩, 竹篩	鋊子, 方甎加叱耳, 長道里, 掌匣, 細繩, 熟麻, 油芚, 柤三苔, 馬尾篩, 竹篩	平鏉, 角耳, 長道里, 細繩, 油芚, 馬尾篩	鋊子, 光耳, 角耳, 方甎角耳, 長道里, 三寸釘, 油芚, 馬尾篩, 竹篩	鋊子, 長道里, 油芚, 三太, 馬尾篩	光耳, 鋊子, 長道里, 細繩, 油芚, 三太, 馬尾篩

출처: 이권영, 대한건축학회논문집, 제24권 제3호(2008. 3.), 조선 후기 관영건축의 미장공사 재료와 기법에 관한 연구, p. 159.

버들흙손

가장자리 오목줄눈흙손

굵은 네 줄 쇠시리흙손

가는 네 줄 쇠시리흙손

가는 면회줄눈흙손

가는 원형줄눈흙손

각도조절용 흙손

각진 모서리흙손

구석흙손

가는 구석흙손

모서리흙손

굵은 모서리 원형흙손

굵은 모서리흙손

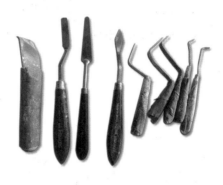

꽃담줄눈흙손

내민 원형 쇠시리흙손

넓은 면 각진 흙손

넓은 면회줄눈흙손

넓은 오목줄눈흙손

넓은 인두흙손

넓은 평줄눈흙손

한 줄 쇠시리흙손

두 줄 쇠시리흙손

굵은 원형 여섯 줄 흙손

여덟 줄 둥근 쇠시리흙손

마감흙손

사각 쇠시리흙손

나무흙손

바르기흙손[이만(泥鏝)]

보통 면회줄눈흙손

사각 두 줄 오목흙손

다용도 줄눈흙손

세침흙손

쌓기용 흙손

둥근 오목줄눈흙손

둥근 요철흙손

작은 주걱흙손

뾰족 인두흙손

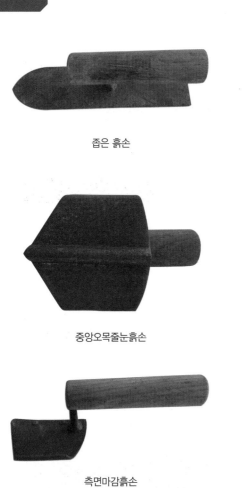

좁은 흙손

주걱흙손

중앙오목줄눈흙손

짧은 구석흙손

측면마감흙손

큰 전돌 오목줄눈흙손

타원형 쇠시리흙손

토석담장 줄눈흙손

줄눈흙손

넓은 평줄눈흙손

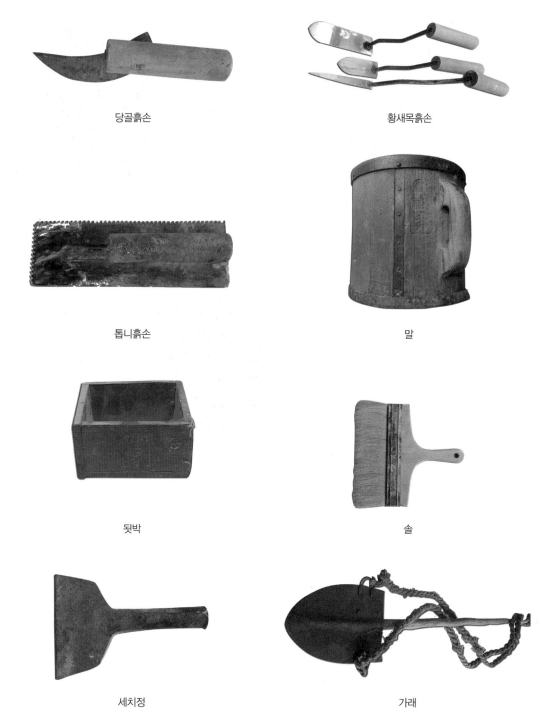

당골흙손

황새목흙손

톱니흙손

말

됫박

솔

세치정

가래

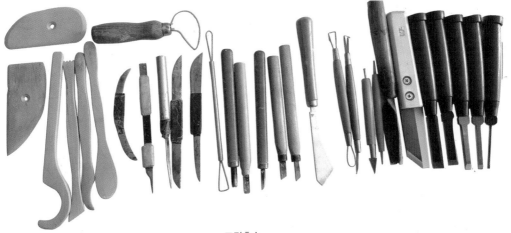

조각흙손

흙받기

개량저울

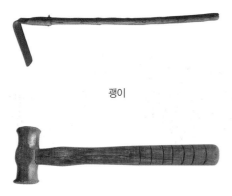

괭이

동망치

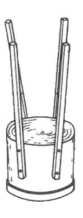

달구

쇠스랑 1

쇠스랑 2

먹통

삽

날망치

장도리

바지게

싸리삼태기

톱

작두

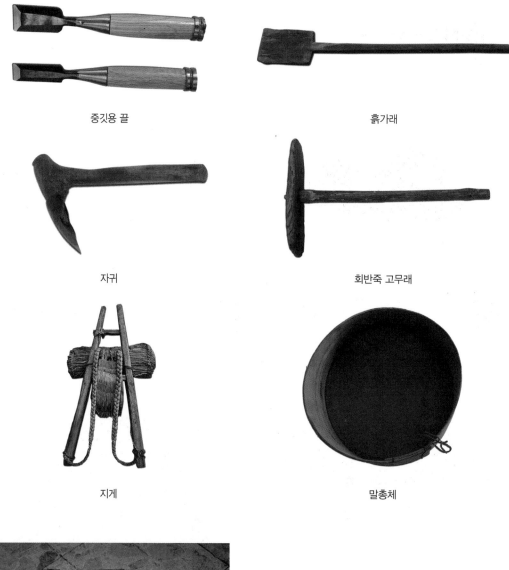

중깃용 끌

흙가래

자귀

회반죽 고무래

지게

말총체

짚삼태기

_2 한식미장 재료

01. 재료 선택의 중요성

미장재료의 선택에 있어 일반적으로 요구되는 사항은 구조적으로 안전해야 하고, 사용 목적에 적합하여야 하며, 미관을 해치지 않는 범위에서 경제적이어야 한다는 것이다. 미장재료 선택이 중요한 것은 각 재료의 물성이 다르고 단일재료 시공이 아니라 배합시공이기 때문으로 배합의 양, 배합의 방법, 시공기술에 따라 시공 명칭과 결과물의 품질이 다르다. 특히, 문화재 수리에 있어서는 전통재료를 사용하도록 요구되고 있으며 그 재료는 대부분 자연재료다.

시대적으로 전통재료를 명확하게 구분하기는 매우 어렵다. 필자는 시대적으로 전통재료인지 구분하기보다는 그 건축물의 창건 당시에 사용한 각각의 건조물의 재료를 전통재료라고 보는 것이 옳다고 생각한다. 이를 시대적으로 구분하여 재료를 선택하면 문화재보호법이나 문화재수리법에서 강조하는 원형보존의 원칙과 진정성의 의미와 부합하지 않을 수 있기 때문이다. 같은 시대에 창건된 건물이라도 서로 다른 재료를 사용할 수 있기 때문이다.

특히, 문화재를 지정함에 있어 일정 시대를 명확하게 구분하여 지정한 것이 아니고 지정 가치에 중심을 두고 있기 때문이다. 문화재는 구조양식이나 건조방식, 사용재료, 환경을 고려하면서 그 진정성이 있을 때 그 가치를 인정하기 때문에 전통미장에서 재료 선택의 의미는 매우 크다고 할 수 있다. 궁궐 벽체에 석회를 사

이질재에 의해 균열이 발생한 모습

용했는지, 해초풀이 전통미장 재료인지, 회반죽미장이 전통방법인지 명확하지 않으나 문화재 수리 시방서나 문화재 수리 품셈에서는 벽체에 석회나 해초를 사용하는 것이 전통방법이라고 보고 있는 것이 현실이다. 그러나 해초풀이 특별한 경우에 사용되었다 하더라도 보편적 전통재료라고 보기는 어렵다. 왜냐하면 의궤에서 이러한 기록을 찾아볼 수 없기 때문이다. 역사적으로 볼 때 한국의 건축기술이 일본에 전파되고 일제강점기를 거치면서 일본의 건축기술이 도입되면서 나타난 현상이 아닌지 더 많은 연구가 필요할 것이다.

한식미장의 재료 범위는 매우 광범위하다. 벽체를 구성하는 목공작업의 일부, 다짐공법의 범위인 지정작업, 벽돌이나 돌을 쌓는 조적작업, 습기나 물을 차단하는 방수작업, 벽체나 천장을 바르는 작업, 방전을 까는 타일작업 등을 모두 포함하는 것이 한식미장이기 때문이다.

이와 같은 광범위한 작업을 하기 위해서는 재료 선택 시 전통건축에 요구되는 조건과 성능을 충족하는 재료를 선택해야 한다. 즉, 재료의 강도, 수축성, 동해, 변질, 부패, 부식, 중성화, 불연성, 내열성, 시공의 용이성, 열과 음의 투과·반사, 고온변형에 대한 저항성, 수분의 차단과 방수성, 재료의 유독성 유무, 미관을 고려한 색채 등을 고려하여 재료를 선택해야 할 것이다.

02. 미장재료

(1) 건식재료

중깃, 방보라, 가시새, 외대

중깃은 중계(中榮) 또는 중금목(中衿木)이라고도 하는데, 상중하 인방 사이에 윗가지를 엮기 위하여 세워 대는 샛기둥을 말한다. 가시새는 설외와 힘살을 보강하고, 방보라는 간 사이가 좁아 중깃을 세우기 어려운 곳에 주선이나 문선에 가로로 넣어 외대를 엮을 수 있게 하는 구조재를 말한다.

중깃, 가시새, 방보라, 외대의 선택은 매우 중요하다. 벽체의 뼈대(壁骨)를 이루고 구조적으로 안전하게 하기 위해서는 압축강도나 인장강도가 좋아야 하기 때문이다. 나무가 건조되지 않은 것은 시공 후에 뒤틀림, 벽체의 균열, 부패, 내구성 저하 등 하자 발생의 요인이 된다.

중깃·가시새·방보라의 재료로서 부적합한 나무는 이태리포플러·수양버들·오리나무·오동나무 등인데, 이들은 압축강도나 인장강도가 부족하여 피하는 것이 좋다. 또한, 나무재료 선택 시 나무의 건조 상태는 함수율이 15% 이하인 기건 상태가 되어야 하며 옹이가 없는 것이 좋다. 크기는 곧게 자란 나무 중 지름 4~5cm 정도의 통나무나 3~4.5cm, 4.5~6cm의 각재를 쓰며 인방 두께의 1/2~1/3 정도인 나무를 사용하는 것이 좋다. 실제 보수 현장에서 보면 인방이 3치가 안 되는 경우가 있는데 이럴 때는 중깃을 인방에 맞는 크기로 만들어 사용해야 원하는 마감을 할 수 있다.

창경궁영건도감의궤에는 중깃과 가시새(삭목)재료로 진잡장(眞雜杖: 가시새, 힘살 등으로 사용한 잡목)을 사용하여 목심을 만들었다고 기록되어 있다. 그러나 여기서 주의할 사항은 중깃이나 방보라, 가시새는 인방 두께에 따라 비례한다는 것이다. 앞에서 설명한 규격은 구조적 안정을 위하여 기준을 세운 것이다. 수백 년 전에 지은 문화재 건축물의 경우 인방의 두께가 7cm 정도인 건축물도 볼 수 있는데 이때에는 중깃의 두께를 인방에 맞게 줄여 선택하여야 한다.

조선시대에는 외대를 외목(椵木)이라 부르기도 하였다. 요즘 외대재료로는 쪼갠 대나무가 흔하게 사용되고 있는데, 구조적으로 안정적이고 비용도 저렴하며 작업성도 좋다. 그러나 문화재 건축물의 보수나 복원의 경우는 원형을 유지하여야 하는 원칙이 있으므로 가능한 한 종래에 사용했던 재료를 사용하도록 하여야 할 것이다. 외대로는 대나무 우죽, 쪼갠 대, 싸리나무, 북나무, 옻나무, 겨릅대, 수수깡, 율무대, 조릿대 등을 쓰는데 담배를 생산하는 곳은 담뱃대를 쓰거나 또는 산

표 2-2 습식 미장재료의 분류

응결 · 경화방식	고결재	결합재	특징
수경성	시멘트계, 석고	모래, 인조석, 자갈 등	수화작용에 충분한 물만 있으면 공기 중이나 수중에서 경화함.
기경성	석회계, 흙	모래, 마사토, 여물, 풀	충분한 물이 있더라도 공기 중에서만 경화, 수중에서는 경화되지 않음.

죽을 쓴 곳도 볼 수 있다. 외대도 건조가 충분히 되어야 하고 눈비를 맞아 약해지지 않은 것을 써야 한다.

(2) 습식재료

미장재료는 건식재료와 습식재료로 나눌 수 있다. 현대미장과 달리 전통미장에 속한 재료의 범위가 매우 넓으며 건식재료보다는 습식재료의 비중이 크다.

건식은 목재나 농업 부산물이 대부분이며, 습식재료는 응결방식과 구성재료의 기능에 따라 분류한다. 습식재료의 가장 큰 특징은 기경성 재료와 수경성 재료로 구분하는 것이다.

기경성 재료는 공기 중의 탄산가스와 반응하여 마르며 경화되는 형태다. 흙재료와 석회가 대표적이며 석회는 가역성이 있으므로 장기 강도가 커지는 특징이 있다. 물이나 습기가 있으면 굳지 않는 성질이 있는데 이러한 성질을 이해하는 것은 미장공사에 있어서 중요한 부분이다. 창덕궁 수강재 구들공사 중 굴뚝으로 가는 긴 연도의 해체작업 시 연도 측면을 전벽돌로 쌓고 전돌을 쌓기 위한 재료로 마사토에 석회를 섞은 회사반죽을 사용했는데, 수십 년이 지난 지금도 굳지 않고 그대로 있는 것을 볼 수 있다. 만약 이것을 시멘트로 쌓았다면 경화된 상태로 있을 것이다.

반면, 수경성 재료는 물이나 습기가 있으면 스스로 화학반응을 하여 굳는 성질이 있다. 일반 포틀랜드 시멘트의 경우 일정한 온도와 수분이 있으면 1시간이 지나면 굳기 시작한다. 시멘트나 석고는 수경성 재료이므로 수분과 반응하면 굳지만, 필요에 따라 굳는 시간을 다양하게 조절하여 사용한다.

(3) 흙재료

흙재료는 암석의 풍화작용의 산물로서 인간에 있어서 매우 중요하다. 흙은 분해 · 부식되어 가는 과정에서 유기물이 섞이고 기후와 생물들의 작용을 받아 변화하며, 또 자연환경 조건과 평형을 이루기 위하여 변화한다. 흙은 엷은 층으로 지

표 2-3 흙의 입도(粒度)

흙의 종류	입도	특성
자갈	2.5~200mm	모암의 풍화작용으로 인하여 형성된 것으로 입도의 분포 폭이 크다.
모래	0.02~2mm (잔골재: 5mm 이하, 굵은 골재 5mm 이상)	실리카나 석영입자로 구성되어 있고 흡수력이 낮으며 접착력도 부족하다. 흡수력이 낮아 표면의 수축과 팽창을 억제시킨다.
실트	0.002~0.02mm	우리가 흔히 말하는 황토가 여기에 속한다. 실트는 내부의 마찰력 증가로 흙의 안정성을 증가시키고 입자 사이의 수분막이 접착력을 증가시킨다. 흙의 친환경성을 고려하여 화학적 오염이나 동식물의 부유물로 인해서 오염되지 않은 지표면 이하의 흙이 좋다.
점토	0.002mm 이하	점토는 팽창과 수축에 민감하다. 가소성은 점토입자가 미세할수록 좋고 또한 미세부분은 콜로이드의 특성을 가지고 있다. 가소성이 너무 크면 모래를 혼합하여 사용한다. 모래를 혼합하여 흙의 조립률을 조절하고 작업성을 좋게 하며, 건조·수축에 대한 저항력을 키워 균열을 예방할 수 있다. 압축강도는 인장강도의 5배 정도다.

구의 표면을 덮고 있으며, 알맞은 양의 공기와 물이 있을 때에는 기계적으로 식물을 지지하고 양분을 공급하여 식물을 길러 준다. 흙은 고상·액상·기상의 3상의 형태로 되어 있는데, 고상은 유기물과 무기물로 되어 있고, 액상은 토양수, 기상은 토양 내의 공기며, 토양의 깊이에 따라 토양의 3상 비율이 다르다.

황토

황토재료는 한식미장 재료에서 차지하는 영역이 매우 넓고 기경성 재료의 대표되는 재료라 할 수 있다. 현대건축에서는 수경성 재료 중심인 시멘트나 석고를 이용한 미장작업을 하는 반면, 한식미장에서는 기경성 재료인 흙이나 석회를 이용한 재료 사용이 특징적이다. 이러한 흙을 활용하여 벽돌·타일·방전을 만들고 바르거나, 다짐의 미장재료로 사용한다.

미장재료로 흔히 사용하는 황토흙은 규사, 산화알루미나, 산화칼슘, 산화철, 산화나트륨, 산화마그네슘, 산화칼륨 등으로 조성되어 있다. 황토는 실트로 구성된 황색의 광물질이며 점토와 모래의 중간 입자[0.002~0.075mm(국제토양학회)]로 흙 속에는 50여종의 활성효소가 들어 있다. 카탈라아제·디페놀옥시다아제·사카라제·프로테아제 등이 대표적인 것으로, 이들 활성효소들은 인체의 노화를 촉진하는 과산화지질을 분해하고 과산화 산성체질을 중화시키는 성분이 있으며, 페니실린균·바브렌균·스치브스균 등의 미생물의 순환작용으로 세정·분해·제독·해독성분이 있다.

황토의 주성분은 지역적으로 편차가 심하다. 칼슘성분이 많은 황토는 누런색을 띠고, 산화철성분이 많은 흙은 검붉은색이다. 또한, 지역적으로 흙의 특성이 달라 어떤 지역은 운모와 규사성분이 많아 작업하기 편리하며 모래나 마사토를

표 2-4 황토의 화학적 조성

성분	SiO$_2$	Al$_2$O$_3$	CaO	Fe$_2$O$_3$	Na$_2$O	MgO	K$_2$O
	규사	산화알루미늄	산화칼슘	산화철	산화나트륨	산화마그네슘	산화칼륨

적게 넣어도 균열이 가지 않는다. 입도가 가는 것은 흙의 성질이 강하여 모래나 마사토의 비율을 크게 해야 균열을 예방할 수 있다. 이렇게 흙에 대한 이해가 미장작업에 있어 매우 중요하므로 많은 경험을 통한 지식을 쌓아야 한다.

흙재료는 오염되지 않은 청정지역에서 나무뿌리나 부엽 또는 오염물질로 오염되지 않은 것으로 지표로부터 1m 정도 이하의 것을 채취하는 것이 좋다. 오염물질이 포함된 흙은 그 자체의 친환경성도 문제지만 오염물의 부패 또는 반응을 통하여 흙재료의 순수성을 잃게 되기 때문이다.

백와

백와는 굽기 전의 마른 기와를 뜻한다. 마른 기와를 저장하는 곳을 '백와칸'이라고 한 것을 보면 알 수 있다. 그러나 의궤에서 사용하였던 '백와'라고 하는 미장재료는 의미가 다르다고 봐야 한다. 영건의궤 중 창경궁수리소, 창덕궁수리도감, 영녕전수개도감, 남별전중건청의궤, 종묘개수도감의궤를 보면 세사·휴지·교말·백와·진말을 사용하였다고 되어 있다. 재료의 특성을 보아도 백와는 니토(泥土)라고 하는 미장 흙으로 봐야 할 것이다. 백와는 또 마른 기와를 부수어 절구에 빻은 가루라고 하기도 하는데, 의궤의 미장재료 중 백와는 기와나 벽돌을 만드는 흙이라고 보는 것이 타당할 것이다. 그러므로 누런 순수 황토와는 구별되어야 한다.

마사토

화강암이 풍화되어 생긴 흙을 '마사토'라고 한다. 배수성과 통기성이 좋아서 마당에 깔거나 강회다짐용으로 사용되며, 밭작물이나 조경수 식재·분재·화분 등에 많이 사용되고 있다. 마사토는 크게 돌가루와 비슷한 상태의 흙인 백마사, 황토성분이 섞여 있는 질마사로 분류된다. 백마사를 마당에 깔면 빛을 반사하여 대청이나 방을 밝게 하기도 한다.

질마사나 백마사나 모두 삼화토를 만들 때 사용하는데 색상과 용도에 따라 달라진다. 백마사는 석회를 혼합한 백색 삼화토에, 질마사는 흙에 석회를 혼합한 흙색 삼화토에 사용한다.

백토

화강암이 풍화되어 가루로 된 흰색의 흙을 말하며, 입도는 풍화 정도에 따라 다르다. 백토는 백색의 사벽용 재료로 사용되며, 맥질과 삼화토 (三華土)를 만드는 데 사용된다. 백토 대신 황토를 섞으면 황토색을 띠는 삼화토가 된다. 백토는 순백색의 분말이 좋다. 과거 백토는 백자를 만드는 강원도 양구, 경기도 이천, 경기도 광주에서 생산되었으나 현재는 원재료의 고갈로 인하여 생산량이 많이 감소하는 추세다. 백토는 궁궐 등 품격 있는 집의 실내 마감용으로 사용되어 왔는데, 요즘은 석회나 백시멘트로 그 흉내를 내고 있다.

백토

특히, 의궤를 살펴보면 벽체에 백토를 사용하였다고 되어 있는데도 석회를 사용한 것으로 잘못 알고 벽체 내부에도 석회를 사용하는 경우가 많다. 더 나아가 요즘은 백토나 석회 대신 백시멘트를 사용하거나 이미 배합된 줄눈용 모르타르를 사용하고 있는 실정이다.

백토는 가루가 희고 점착력이 있는 것이 좋다. 사람들은 석회와 반죽하여 담장에 바르는데 기와 조각 사이에 흰 무늬가 아름답게 생긴다. 그 중 호서의 보령지방에서 산출되는 것이 특이하다. 그 지방 사람은 이 백토로 방실의 내벽을 바른다. 곱기가 옥과 같고, 밝기가 거울과 같으므로 종이로 도배를 하지 않더라도 사방의 벽이 환하게 밝다.
–서유구, 《임원경제지》, 안대희 엮음, 《산수간에 집을 짓고》(돌베개) 중에서

진토(眞土)

모래 종류로서 보통 모래보다 점결성이 크고, 성분은 규사에 점토를 혼합시킨 것으로 생형사(生型砂) 3~4에 천사(川砂) 6~7을 가해서 만들거나, 고사 4에 천사 1~2를 가해서 만든다. 이 모래는 건사에 비하여 내화성은 부족하지만 생형사보다 단단하고 저항력이 크다. 건조 중에 파열되기 쉽기 때문에 주의해야 한다. 여기에 목탄가루, 볏짚가루, 흑연, 쌀겨 등을 혼합하여 통기도를 좋게 한다(진전중수도감의궤에 기록, 1748년).

(4) 흙의 계절별 변이에 따른 대응

흙은 기경성 재료이므로 계절 변이에 잘 대응하여 작업의 능률과 품질을 향상시켜야 한다. 계절에 따른 온도와 습도의 변화를 면밀히 계산하여 효율적인 작업으로 이어 나가도록 해야 한다.

봄

우리나라 봄은 편서풍이 강하게 불어 미장공사를 하기 적합한 계절로서 다른 계절에 비해 흙의 건조시간이 단축되어 미장공사에서 최고의 능률을 올릴 수 있다. 오전·오후의 기온 변화가 심하고 특히 오후 늦게 바람이 강하게 부는 경향으로, 미장공사 공정 계획에 봄철 계절의 특성을 참고하면 좀 더 효율적으로 작업 능률을 올릴 수 있다.

여름

고온다습한 계절의 특성상 대기 중에 많은 수분이 함유돼 있어 미장공사에 있어 건조시간 지연의 직접적인 원인이 된다. 이와 같이 고온다습하게 되면 건조한 바람에 의해 건조·경화되는 미장재료의 특성상 잘 건조되지 않고 오히려 결합재나 중깃·외대를 부식시키므로 여름 장마철은 피해야 한다. 부득이한 경우는 기계를 이용하여 강제 통풍, 강제 건조를 시켜야 한다.

가을

일조량 증가와 건조한 바람이 부는 계절로 습도의 증발로 흙의 건조시간이 단축되고 미장공사가 원활하게 되는 계절이다. 그러나 봄에 비해서는 기경성 재료의 미장공사 시 품질이 떨어진다. 미장공사 공정상 초벌 건조 후 재벌작업, 재벌 건조 후 정벌작업을 하므로 가을에 미장공사를 시작하는 경우 초벌작업이 늦어지면 초겨울에 정벌마감을 하게 되므로 좋은 품질을 기대하기 어렵다. 특히, 양성 등 비를 직접 맞아야 하는 미장공사는 늦가을에 작업해서도 안 된다. 완전히 건조되지 않으면 동파의 우려가 매우 크기 때문이다.

겨울

동절기에는 물을 사용하는 미장공사는 원칙적으로 피하여야 하지만, 부득이 미장공사를 진행해야 한다면 충분한 보온시설과 난방시설을 갖추고 온도 유지가 가능한 상태에서 작업을 하여야 한다. 동절기에는 흙 또는 석회의 결빙 팽창으로 인한 불완전한 결합으로 동해에 의한 하자발생률이 높으므로 물을 쓰는 작업은 피하는 것이 좋다.

(5) 모래

모래는 지름 0.02~2mm 사이의 암석편, 광석편의 총칭이다. 0.2~2mm까지의 모래를 조사(粗砂), 0.02~0.2mm 사이의 모래를 세사(細砂)라고 한다.

모래는 재료 분류상 결합재에 속하지만 사용량과 사용 빈도가 제일 많다. 전통미장에서는 모래 대용으로 마사토(석비례)를 사용하기도 하지만 회사벽 등 원하는 색을 요구할 때는 깨끗한 모래가 필요하다.

특히, 현대건축에서 모래의 결합재 역할 비중은 다른 결합재에 비해 매우 크다. 시멘트모르타르나 콘크리트 생산에 있어 시멘트인 고결재 대비 보통 3배의 모래 양을 배합하는 것으로 모래 사용량을 가늠해 볼 수 있다.

석회나 점토, 시멘트 등 고결재만 사용했을 때는 균열 등으로 작업이 어렵기 때문에 결합재인 모래를 혼합하면 수축·팽창을 완화시키고 고결재의 양을 줄여주는 역할을 한다.

우리나라 마사토는 보통 하천이 아닌 곳에서 채취하지만 모래는 주로 하천에서 채취한다. 마사토는 미세한 점토성분까지 포함되어 있지만 모래는 미세한 흙성분이 포함되어 있으면 불량한 재료로 취급하는 차이가 있다. 또한, 마사토는 채취한 그대로 알갱이가 모난 형태를 유지하고 있으며, 이것을 각력(角礫) 형태라 한다. 모래는 마사토가 하천으로 유실되면서 각이 없어지며 마모되는데, 이것을 원력(圓礫)이라고 한다. 모래의 형태가 원력에 가까운 것이 양질의 모래라 할 수 있다.

모래는 불순물이 없어야 하고 오염되지 않아야 하며 조립(粗粒)과 세립(細粒)이 연속적으로 혼합된 것이 좋다. 즉, 현장에서 말하는 왕사·세사(떡모래)가 일률적으로 있는 것은 좋은 모래가 아니다. 모래는 가능한 한 강모래를 쓰는 것이 좋으며, 해사(海沙)를 쓸 경우 세척(洗滌)하여 염분을 0.04% 이하로 해야 한다. 그러나 앞에서 설명한 염분의 농도는 하나의 기준을 제시한 것으로 동해 방지 등을 위하여 필요에 따라 미장재료에 소금을 첨가하여 쓰는 경우도 있고, 회반죽의 경우 해초풀에 염분이 들어 있으므로 참고해야 한다.

모래의 경도는 고결재인 석회나 시멘트가 경화되었을 때보다 큰 것을 사용해야 한다.

(6) 석재

미장 분야에서 석재는 호박돌, 사괴석, 이괴석, 판석 정도만 설명하고자 한다. 석재는 주로 담장공사, 화방벽 쌓기, 바닥깔기, 구들놓기에 사용되고 기단 내부의 기초를 다짐할 때, 굴뚝을 쌓을 때도 사용한다.

사괴석(동구릉)

호박돌은 조약돌보다 큰 20~30cm 정도의 둥글넓적한 천연석재를 말하고, 사괴석은 15~25cm 정도의 각형으로 내부 쪽으로는 뿔 모양을 형성하여 사춤을 할 수 있다. 사괴석이란 용어는 한 사람이 4덩이의 돌을 질 수 있다고 하는 데서 유래되었다. 호박돌의 재질은 여러 종류가 있지만 사괴석은 보통 화강암이 많다. 표면은 잔다듬·굴림·정다듬하거나, 자연면을 보통 사용한다. 이괴석은 사괴석과 같은 재질로 크기는 30~40cm로 석재 두 덩이를 한 사람이 질 수 있는 크기라는 데에서 유래되었다고 한다.

판석은 두께가 15cm 미만이고 너비는 두께의 3배 이상인 것을 말하며, 바닥에 깔거나 붙이는 용도로 쓴다. 각석의 두께는 붙임은 2~2.5cm, 바닥의 경우는 3cm 정도고 너비는 30cm, 길이는 90cm 정도의 크기가 보통이다.

박석은 바닥에 까는 표면을 다듬지 않은 돌로서, 두께가 15~25cm 내외인 것을 말한다. 박석은 얇고 넓적하게 뜬 돌이며, 화강암이나 점판암·현무암 등이 있다. 대궐이나 왕릉 등에 박석을 깔아 통행에 편리함을 주거나, 지하로 적이 침입할 변고에 대비하는 구실을 하기도 하였다. 근정전 앞에 화강암 종류의 박석을 깔아 놓은 것이 그 사례가 될 것이다.

(7) 생석회, 석회

석회는 전통건축에서 오랜 세월 사용하여 온 중요한 재료다. 특히, 현대건축의 시멘트재료에 비하여 내구연한이 길며 기경성 재료면서 필요한 강도를 낼 수 있다.

근대문화재 건축물을 제외하고는 전통건축물 대부분은 흙 또는 석회를 미장재료로 사용하였다. 석회는 석회석을 구워 만든 것으로 석회석에는 탄산석회($CaCO_3$)를 주체로 하는 것(limestone), 그 외에 5~30%의 탄산마그네슘($MgCO_3$)을 포함한 돌로마이트가 있다.[1] 우리가 현장에서 흔히 부르는 마그네시아석회(苦灰石)가

1 김무한·신현식·김문한, 《건축재료학》, 문운당, 1990, p. 320.

괴로 된 생석회

과립형 생석회

분말형 생석회

생석회 피우기

석회반죽으로 쌓은 성벽

이에 속한다. 마그네시아석회는 경화되어 중성화되기까지 약 6~12개월이 걸리므로 미장작업 후 유성페인트 도장은 삼가야 한다.

석회석을 900℃ 정도 구우면 분해하면서 성분 중의 탄산가스가 발산되고 칼슘을 주성분으로 하는 생석회(CaO, 강회)가 만들어지고 또는 산화칼슘(CaO)과 산화마그네슘(MgO)을 주성분으로 하는 마그네시아석회(苦灰石, 돌로마이트)가 만들어진다. 생석회 원료로는 시멘트공장이나 석회공장이 분포된 영월, 제천, 단양, 동해 주변의 석회석을 주로 채석한다.

과거에는 괴로만 생산되었으나 요즘은 괴로 된 것과 과립형으로 된 것, 분말로 된 것 등 다양한 형태로 생산되어 사용에 편리하다. 괴로 된 것은 피우는 시간이 1주일 이상 걸렸으나 과립형이나 분말형은 피우는 시간이 훨씬 단축된다. 생석회나 고회석은 수분을 흡수하면 피기 시작하여 수산화석회[$Ca(OH)_2$]로 산화마그네슘(MgO)은 수산화마그네슘[$Mg(OH)_2$]으로 되며 이것을 소석회라고 한다.

생석회는 KS L9004 규정에 의하여 시험해서 KS L9501 규정에 적합해야 하며 간이 활성시험 방법에 의하여 소화시간이 5분 이내이어야 한다. 색상은 순백색을 띠는 것이 좋다. 생석회를 피워도 피지 않는 것은 잡석덩어리고, '귀먹은 강회'라고 하며 불합격품으로 처리하여야 한다. 생석회를 구입하여 피워 쓰지 않고 소석회를 구입해 사용할 때는 품질에 대한 검증이 필요할 것이다.

물과 반응하면 발열한다는 점에서 카바이드와 생석회를 같다고 생각하는 장인들이 있는데 생석회는 석회석을 그대로 구운 것이고, 카바이드는 생석회에 무연탄이나 코스크를 혼합하여 노에서 구우면서 용융시키고 용융된 고체덩어리에 물을 부으면 가스가 발생하고 그 가스를 사용한 것이니 순수한 생석회와는 구분해야 한다.

생석회의 보관

생석회는 비를 맞지 않도록 하여야 하고 습기가 차지 않도록 하는 것이 좋으므로 보관하기 위해 창고를 마련하여야 한다. 생석회에 물이나 습기가 들어가면 소석회가 된다. 따라서 생석회에 물이 스며들어 소석회가 되면서 굳지 않도록 해야 한다. 또한, 습기를 먹게 되면 서서히 소석회가 되면서 부피가 팽창하게 된다. 원칙적으로 소석회가 필요할 때는 사용 용도에 맞게 소석회를 만들어 사용하는 것이 좋다.

생석회는 지면에서 30cm 이상 떨어진, 습기가 적은 곳에 보관해야 한다. 생석회를 보관하는 집인 헛집을 토우(土宇), 가가(假家), 회가가(灰假家)라고 부르기도 한다.

생석회가 습기를 먹으며 소화(피는 것)되기 시작하면 위치상 아래에 있는 석회는 굳어져서 사용하기 어렵게 되므로 아래·위를 바꿔 주도록 한다. 생석회는 3류 위험물로 분류되는 물질이므로 보관이나 소화작업 시 주의하여야 한다. 폭발의 위험이 있으며 피부에 묻거나 눈에 들어가거나 흡입하였을 때 매우 위험하다. 따라서 대량으로 소화(피우기)작업을 할 때 주의가 필요하다.

(8) 여물

여물은 미장면의 균열 방지와 균열을 분산할 목적으로 사용한다. 박리와 박락을 예방하는 효과가 있는 재료로는 짚여물, 삼여물, 털여물, 종이여물, 목재섬유질, 마분 등이 있다.

짚여물

영건의궤에서는 볏짚을 곡초(穀草)라 부르기도 하였다. 짚여물은 가능한 한 농약 등으로 인하여 오염되지 않은 것으로, 고래실논보다는 건답의 볏짚을 구하도록 하는 것이 좋다. 고래실논의 볏짚은 밑동이 오염되고 색도 좋지 않기 때문이다. 볏짚은 잘 건조된 것으로 색은 누런색을 띠는 것이 좋다.

짚여물

삼여물

종이여물

서궐영건도감의궤의 종이여물(白休紙)
사용 기록

서궐영건도감의궤의 털여물(細馬尾節)
사용 기록

왕겨

벼를 찧고 난 껍질 왕겨를 섞어서 미장하는 경우가 있는데, 단열효과나 균열
예방에 도움이 된다.

삼여물

삼여물은 대마 껍질이 좋고 정벌용은 표백을 하여 미장재료 변색에 영향을 주
지 않도록 한다. 요즘은 마대나 마승을 잘라 판매하는 곳도 있어 삼여물 대용으
로 많이 사용한다. 덕수궁 석조전이나 옛 서울시청 등 근대문화재로 지정된 건축
물의 미장면에서는 순수한 우리 삼여물을 사용했던 사례를 볼 수 있지만 현재는
국내산 삼여물을 사용하는 곳을 찾아보기 힘들다. 재료 공급이 원활하지 않아
현실적으로 국내산 삼여물 사용은 어려운 실정인 것이다.

종이여물

종이여물은 한지를 만들고 난 잔지나 휴지·마분지 등을 물에 풀어 사용하는 것이며, 백토나 석회로 미장을 할 때는 한지나 표백지의 종이를 사용한다. 최근에는 나무의 섬유질만을 추출하여 만든 여물이 나와 편리하기는 하나 용도에 맞게 사용해야 할 것이다.

마분

마분(馬糞)여물이라고 하며, 말이나 소의 분을 미장재료에 섞어 쓰거나 분을 헹구고 남은 섬유질만 미장재료에 섞어 쓰는 경우가 있다. 오늘날에는 조사료 이용률이 낮아 마분여물을 사용하기는 어려울 것이다.

털여물

털여물은 양털이나 소털, 세마미절을 가성소다로 처리하여 유분 등을 제거한 후 사용한다.

(9) 풀(점착제)

미장용 풀은 미장재료의 점착력을 좋게 하고 초벌·재벌·정벌의 층간 접착을 유도하고, 재료 상호간의 접착력 증가, 표면의 마모와 부스럼 방지를 위하여 석회반죽·흙 등 미장재료에 섞어 넣는 것을 말한다.

곡류풀

조선시대에는 풀을 교말(膠末)이라고 불렀다. 곡류풀은 찹쌀(膠米), 싸라기(粘米), 수수쌀(糖米), 차좁쌀, 기장쌀, 밀가루(眞末) 등 찰기가 있는 곡식을 이용하여 풀을 만들어 쓰는 것이다. 의궤에 의하면 교말은 풀을 쑤기 위한 점착제 가루의 통칭으로 쓰인 경우도 있고, 아교만을 교말이라고 표현하기도 하였다.

해초풀

근래에는 해초풀을 사용해야 전통미장으로 생각하는 것이 일반화되어 있다. 그러나 필자는 의궤에서 해초풀을 사용한 기록을 찾지 못했다. 해초풀을 사용하였으나 관련 기록을 못 찾을 수도 있겠지만 곡류풀에 대한 기록은 명확한데 해초풀 사용 기록은 없다는 것은 일반적으로 해초풀을 사용하지 않았다고 볼 수 있다.

다만, 해초풀이 가지고 있는 장점과 단점이 있으므로 요구 조건에 맞고 성능이 필요할 때 사용하면 될 것이며, 특히 근대건축물에 많이 사용되었던 풀재료이므로 재료에 대해 이해할 필요성이 있다.

해초풀(듬북, 은행초, 우뭇가사리, 풀가사리, 다시마, 미역, 황각)은 가을에 채취하여 1~2년 정도 건조된 것으로 표면에 흰 가루가 생기고 두께가 두꺼운 것이 품질이 좋은 것이다.

해초풀은 주의해서 사용해야 하는데, 특히 장마철에는 부패하기 쉽기 때문이다. 미장재료가 기경성이므로 습도가 높으면 부패하여 악취가 발생한다. 부패 방지를 위하여 해초풀에 석회가루를 뿌리면 부패 방지가 되나 장기간 보관은 어렵다. 가능한 한 외부에만 사용하고, 내부에는 교말·진말 등을 사용하는 것이 좋다.

해초

유피전수(榆皮煎水)

유피전수는 느릅나무 뿌리 또는 나무껍질 즙을 내서 쓰거나 물에 불려 끓여 쓰는 것을 말한다. 푹 끓이면서 졸이면 끈끈한 점액이 생겨 풀로 활용할 수 있는 것이다. 나무에 물이 올라 있을 때는 껍질을 벗겨 즙으로 쓰지만 나무에 물이 내리면 마른 껍질을 끓여 써야 한다. 요즘은 느릅나무 껍질은 주로 한약재로 사용되고 있으며 미장재료로 사용하는 곳을 찾아보기 어렵다. 가격이 비싸서 현재 사용하기 어려운 실정이다.

유피의 사용 기록은 인정전영건도감의궤(1805년), 현사궁별묘영건도감의궤(1824년), 인정전중수의궤(1857년) 등에서 볼 수 있다.

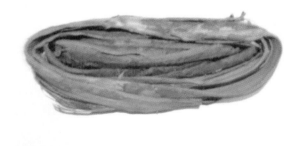
유피

(10) 외엮기 재료

새끼

새끼는 짚을 꼰 것으로 용도에 따라 다르지만 외엮는 새끼는 6~9mm 정도의 것을 쓰고 인방의 두께에 따라 새끼의 굵기를 결정해야 한다. 인방의 두께가 얇

새끼

칡

서궐영건도감의궤의 칡(生葛) 사용 기록

은데 새끼가 굵으면 기둥이나 인방보다 미장면이 나오거나 균열로 인한 하자의 요인이 되기도 하고 마무리도 어렵다. 그러므로 외엮는 새끼의 굵기를 정할 때는 인방의 두께에 따라 결정하도록 해야 한다.

칡

칡은 논이 귀한 산간지방에서 외엮기용으로 주로 사용하였으며 하회마을 등에서도 칡으로 외엮기를 하였던 것을 볼 수 있다. 오래된 건축물을 해체하여 보면 칡의 활용도가 매우 높았던 것을 알 수 있다.

칡은 민가에서도 사용했지만 서궐영건도감의궤에[2] "생갈 일천동 내 오백동"이라고 기록돼 있는 것으로 보아 궁궐공사에도 사용되었음을 알 수 있다.

요즘은 외엮는 데 칡을 사용하는 곳을 보기 어려운데 문화재 보수·복원작업에 있어서는 칡에 대하여 중요하게 생각해야 한다. 진정한 의미의 원형보존을 위해서라면 보수·복원작업 시 재료 선택에 좀 더 신중할 필요가 있다. 요즘도 노력을 하면 칡을 구하는 것은 가능하기 때문이다.

칡은 가을에 걷는 것이 좋으며 잘 서려 바로 사용하거나 말려 사용하는데, 말린 칡넝쿨은 좀이 먹지 않도록 하고 부패되지 않게 잘 보관해야 한다. 그리고 말려 보관된 칡은 부러지기 때문에 사용 전에 물에 충분히 불려 사용해야 한다.

2 정옥자, 《서궐영건도감의궤》, 서울대학교 규장각, 2001, p. 66.

기타 외엮기 재료

물이 올랐을 때 싸리나무 껍질(비사리)이나, 피나무 껍질을 꼰 줄, 가는 등나무 줄기 또는 삼줄로 만든 노끈을 사용하기도 하였다. 띠풀을 사용하거나 새끼를 꼬지 않고 볏짚 자체로 엮은 경우도 있다.

(11) 방전, 전돌(소성벽돌) 및 모전석

방전은 흙으로 구워 만든 네모반듯한 벽돌로 주로 바닥깔기용으로 쓰이며 기단 바닥 또는 건축물의 내부에 쓰인다. 전돌은 흙을 구워 만든 직사각형의 납작한 벽돌로 전벽돌이라고도 한다. 주로 담장을 쌓는 데 쓰인다. 보통 방전이나 전돌은 흙으로 구운 것이지만, 모전석은 혈암·점판암·사암 등을 가공하여 벽돌 모양으로 만든 것이다. 방전이나 전돌은 기본형·표준형·이형·문양형으로 나뉜다. 방전을 반으로 나누어 화방벽의 전돌로 사용하기도 하는데, 이를 반방전이라고 한다.

방전(方塼)

일반 전돌(塼)

본아치형 전돌(塼) 1

본아치형 전돌(塼) 2

표 2-5 방전, 전벽돌의 규격

구분	방전 규격	전벽돌 규격	비고
기본형	270×270×45mm	210×150×50mm	·
표준형	300×300×45mm	190×90×57mm	
이형	두께 45mm 이외의 방전	기본형·표준형 이외의 것	주문형
문양형	문양이 있는 방전	한 면에 문양이 있는 전벽돌	주문형

전돌을 제작할 때 가마 속 온도 1,080~1,200℃에서 5시간 이상 소성하여야 하며, 전돌의 압축강도는 210kgf/cm² 이상이며 흡수율$\left[흡수율(\%)=\dfrac{흡수\ 시\ 중량-건조\ 시\ 중량}{건조\ 시\ 중량}\times100\right]$은 10% 이하라야 한다. 전돌의 흡수율 검사는 시료 5개를 기준으로 실시한다. 110±5℃의 공기 증탕 속에서 24시간 건조하여 실온까지 자연적으로 식힌 다음 무게를 계량하고, 이것을 건조 무게로 한다. 건조된 벽돌을 20±℃의 물속에 24시간 넣어 두는데 이때 전돌과 수면과의 거리는 50~60mm로 한다. 전돌을 물속에서 꺼내면 즉시 헝겊으로 표면의 수분을 닦아 내고 무게를 달아 이것을 수분을 포함한 무게로 한다.

(12) 모전석

돌을 벽돌 모양으로 만든 것을 모전석이라고 한다.

전돌을 이용하여 쌓은 탑을 전탑이라고 하고 모전석을 이용하여 쌓은 탑을 모전석탑이라고 한다. 모전석탑으로는 경주 분황사의 모전석탑, 제천의 장락동 7층 모전석탑 등이 있다.

경주 분황사 모전석탑

제천 장락동 7층 모전석탑

기계를 이용한 현대식 흙벽돌

수작업으로 만든 전통벽돌

전통벽돌 건조실

흙벽돌로 벽을 쌓은 기와집

(13) 흙벽돌(소성되지 않은 것)

전통건축에서 전돌·방전은 소성된 벽돌을 말하고, 흙벽돌은 소성하지 않고 건조시킨 것을 말한다. 흙벽돌을 만들어 굽지 않고 건조된 상태에서 쌓아 건축을 하는 조적조 방식을 보통 흙벽돌집이라 한다.

흙벽돌은 찰흙과 보통 흙, 마사토, 황토에 60~90mm 정도의 볏짚여물을 넣어 반죽한 다음 흙벽돌 틀에 넣어 눌러 다진 후 탈형하여 건조시킨 것이다. 길이는 240~300mm 정도로 하고, 두께 및 너비는 각각 90mm, 120mm, 150mm, 180mm 정도로 한다. 이러한 벽돌을 생산하는 과정에서 강도나 내구성·내수성 등 재료가 요구하는 성능과 조건을 충족시키는 것이 중요하다.

흙벽돌의 생산방법은 수작업의 전통방법과 기계에 의한 현대식 방법으로 나눌 수 있는데, 각각의 생산방법에 따른 편리성과 기능성 등 장단점을 이해하여야 한다. 전통방법으로 생산하는 방법은 물로 반죽을 하여 흙벽돌을 만드는 것이고, 기계에 의한 현대식 방법은 흙의 함수율이 적은 축축한 상태에서 고압으로 압축하여 만드는 방법이다.

흙벽돌을 만드는 전통방법은 흙에 볏짚을 섞어 물을 부으며 반죽하여 벽돌틀에 넣고 반죽을 눌러 다진 후 틀을 뽑아 올려 만드는 방법이다. 이때 볏짚을 섞어주어 건조하면서 발생하는 균열 예방과 벽돌의 인장력이 증강되도록 한다. 함수율은 벽돌을 찍었을 때 변형이 생기지 않을 정도의 반죽이면 잘된 것이다.

물반죽하여 만든 흙벽돌은 말려야 하는데 이때 볏짚이 썩지 않도록 주의해야 한다. 특히, 흙의 성질이 기경성이기 때문에 장마철이나 겨울에는 생산하지 않는 것이 좋다. 벽돌을 만든 후 마르지 않은 상태에서는 운반이 불가능하기 때문에 건조장소에서 만들거나, 만든 후 부득이 운반하여야 하는 경우는 벽돌판에 만들어 판 자체를 운반해 건조시켜야 한다. 이때 비에 맞지 않도록 잘 관리해 주어야 한다.

기계에 의한 현대식 흙벽돌 생산방식은 축축할 정도의 함수율이 있는 흙을 고압 기계의 벽돌틀에 넣고 압축하여 만드는 방법으로, 대량 생산이 가능하고 함수율이 적으므로 건조가 빠르고 벽돌 생산 후 즉시 적치 보관하며 건조가 가능하다.

기계를 활용한 현대식 생산방식과 수작업에 의한 전통방법을 살펴보았는데 두 가지 방법의 장단점을 이해하여야 한다. 기계방식의 현대식 생산방식은 대량 생산, 제품의 정확한 규격, 건조의 편리성, 인건비의 절감 등의 장점이 있지만 가장 중요한 것은 내수성과 통기성이 부족하다는 점이다.

외형으로 보아 단단하고 벽돌면이 매끈하며 규격도 일정하지만 내습성이나 내수성 부족으로 비가 들이치는 외벽에는 사용이 부적합하다. 이렇게 내수성이 부족하다는 사실을 모르고 친환경성만 강조하고 외부에 사용하여 벽이 무너진 사례도 있다. 따라서 습기가 없거나 빗물이 들이치지 않는 내부용으로 쓰는 것은 무방할 것이다. 이렇게 내수성 부족에 대한 대안으로 석회나 시멘트·석고 등을 혼합하여 만드는 벽돌이 현재는 많이 생산되고 있다.

반면, 전통방법에 의해 제작된 흙벽돌은 대량 생산이 불가능하고 건조 관리가 어렵지만, 기계식 방법으로 생산된 흙벽돌의 단점을 보완할 수 있는 장점이 있다. 물반죽으로 생산하여 건조한 흙벽돌은 어느 정도의 빗물이나 습기에 견디는 내수성이 기계식 방식에 비하여 우수하며 통기성도 좋다. 4m 이상 높이의 전통 흙벽돌로 지은 담배건조실이 40년이 지난 지금도 비바람을 이기며 원형대로 유지되고 있는 것과 하회마을의 흙벽돌 담장이 그 사례가 될 것이다.

(14) 숯

숯재료는 제습이나 단열·탈취 목적으로 사용하며, 종류로는 나무로 만든 것과 왕겨로 훈탄을 만든 것이 있다. 숯도 덩어리로 된 것과 과립형 분말이 있는데, 필요한 용도에 따라 달리 쓸 수 있다. 왕겨를 태운 훈탄의 경우, 벽체나 고미반자 등에 사용하여 단열과 함께 항균·탈취 목적으로 사용한다. 숯을 바닥층에 넣어 다짐을 하면 바닥에서 올라오는 습기를 차단하고, 탈취·항균효과도 얻을 수도 있다.

숯

(15) 기와

기와는 한식미장에서 다루어야 할 부분은 아니다. 그러나 한식미장에서 많이 활용을 하기 때문에 한식미장 부분만 살펴보기로 한다.

대표적으로 와편담장과 문양을 넣는데 기와가 활용되고 있다. 적색, 청색, 흑색 기와가 있어 필요한 색상을 활용하여 여러 가지 기법을 연출할 수 있다. 구와와 신와 모두 사용하는데 근래에 생산되는 신와는 공장에서 제작된 것이 대부분이다. 미장공들이 사용함에 있어 신와는 강도가 높아 절단하거나 문양을 만들기가 쉽지 않지만, 흡수율이 낮고 강도가 높아 작업 도중 파손이 적고 내구성도 크다. 반면, 구와는 흡수율이 높고 강도가 낮아 가공은 쉽지만, 작업 중 파손이 많고 내구성도 떨어진다.

(16) 생포

생포는 생포목을 빨거나 삶아서 볕에 바래지 않은 생베를 말하며, 극히 굵고 거칠다는 것이 특징이다. 양성바름의 균열 방지와 부착력을 높이기 위하여 사용하며 오늘날 동망을 씌우는 것과 비슷하다. 생포는 산릉도감의궤 양상도회 재료

생포

서궐영건도감의궤의 생포 사용 기록

배합비를 보면 1659년부터 1757년까지 약 100여 년 동안 사용하였고, 서궐영건도 감의궤에도 생포 9필 26자를 사용한 기록이 있다.

그러나 현재는 생포를 사용하여 작업하는 것은 매우 어려운 일이다. 생포를 생산하는 곳도, 파는 곳도 찾기 힘들기 때문이다. 그렇기 때문에 이렇게 재료나 작업 방법이 단절되기 전에 전통기술을 보존하고 계승하는 일이 시급하다고 할 것이다.

(17) 법유

법유의 종류로는 들기름, 오동유, 콩기름 등이 있다. 용도로는 양성바름 상부나 석공사, 전돌공사에 석회와 배합하여 줄눈공사에 사용되었다. 특히, 양성바름의 경우 들기름을 표면에 바름으로써 석회가 경화되어 강도 발현이 적은 시기에 방수효과가 높다.

(18) 삼화토(三華土, 三和土)

백토+진흙+석회, 진흙+마사토+석회, 백토+마사토+석회 등 세 가지 재료를 섞은 것을 삼화토, 회삼물 또는 삼물이라 한다. 이러한 삼화토는 그 쓰임새가 많아 전통미장의 중심이 되는 재료라 할 수 있다.

각각 재료의 기능이 다르기 때문에 양에 대한 가감은 다르지만 쌓기, 바르기, 다지기, 줄눈을 넣을 때 삼화토로 작업한다.

3장

전통건축의
벽체 조성과 마감

전통건축의 핵심은 벽체 처리 방법과 바닥 마감 방법에 있다. 나무로 짓고 기와를 올린 집에 시멘트벽돌로 벽을 마감한다면 진정한 전통건축이라고 할 수 없을 것이다. 이 장에서는 건축물의 본체를 중심으로 한 작업 기술, 즉 구조체인 뼈대를 만드는 기술인 중깃 넣고 외엮는 방법과 재료 배합기술 그리고 고막이, 벽체, 당골, 천장, 양성, 합각, 흙바닥을 작업하는 기술 등에 대해 설명한다.

_1 고막이벽

하인방과 바닥 사이에 장대석·막돌·사고석·벽돌·기와 등을 진흙이나 강회로 쌓아 막는 것을 고막이벽이라고 한다. 하인방 아래 바닥은 고막이벽의 처짐이 발생하지 않도록 바닥을 석회다짐 등으로 잘 다진 후 쌓기 시작하여야 하며, 장대석으로 고막이벽을 쌓을 때는 미장공이 작업하는 것보다 석공이 작업하도록 해야 할 것이다.

고막이벽을 쌓는 삼화토나 진흙은 질지 않고 차지게 이겨야 하는데 반죽이 질게 되면 고막이벽이 처질 수 있어 된 반죽이 유리하다. 고막이벽이 처지면 하인방과 고막이 사이에 틈이 생겨 구들을 놓을 때 연기가 밖으로 새기도 한다.

고막이벽 쌓기에서는 모양이나 구조적 안정성도 중요하지만 고막이 바깥이나 구들장과 벽 사이로 연기가 새지 않도록 빈틈이 없이 꼼꼼하게 시공하여야 하고, 고막이벽을 겸한 시근담은 빈틈없게 발라 주어 연기가 새지 않도록 해야 한다. 특히, 요즘처럼 벽체를 개량식 판벽으로 설치할 경우 판벽 사이로 연기가 올라갈 수 있으므로 연기가 벽 속으로 들어가지 않도록 차단해야 한다. 일산화탄소 유입으로 인명 피해가 발생될 수 있으니까 주의해서 시공하여야 한다.

고막이벽을 마루 밑에 쌓을 때는 통풍구를 두어 환기가 되도록 하여야 한다. 이러한 통풍구를 고막이 머름이라 하며, 통풍구로 쥐가 드나들지 못하도록 망을 설치하여야 한다. 고막이 통풍구는 암키와와 수키와를 이용하는 경우가 있고, 기존 마감재료인 석재나 전돌로 영롱쌓기를 하여 기능과 모양을 함께 할 수도 있다.

영롱쌓기를 한 고막이

막돌로 고막이벽 쌓기

수키와로 통풍구를 만든 고막이

기둥 통풍 1

기둥 통풍 2

고막이 쌓기를 진흙으로 하는 경우와 회사반죽으로 쌓는 경우가 있는데 삼화토로 쌓는 것이 좋을 것이다. 석회로 고막이를 쌓으면 석회의 살충·살균효과로 잡벌레 발생이 적어 목재의 부식을 예방하는 효과가 있고, 쥐가 구멍을 뚫지 못하도록 예방하는 효과도 있다. 삼화토로 고막이를 쌓은 내부의 구들 둑에는 진흙을 치도록 한다.

고막이벽은 바깥쪽으로는 약간 내쌓아 건물의 안정감이 있도록 하고 안쪽으로는 9~20cm 정도 내쌓아 구들장을 올려놓는 시근담을 만들어 주면 구들공사에 편리하다. 특히, 막돌로 고막이를 쌓을 경우 미장마감을 위하여 면이 고르도록 쌓아야 한다. 이때 시근담을 겸하는 고막이 기초는 고래바닥보다 아래로 내려가도록 해야 한다.

고막이 쌓는 재료가 노출되는 경우 삼화토 또는 회사·회반죽으로 치장줄눈을 하고, 막돌이나 와편으로 쌓은 고막이는 초벌·재벌은 삼화토로 전체를 바르고 정벌은 본벽체와 같이 마감하는 것이 좋다.

_2 벽체 구성

01. 개요

전통 한식미장은 미장작업의 범위가 단순히 흙손으로 흙이나 회반죽을 바르는 것만이 아니다. 중깃을 세우고 외대를 엮고 흙손질을 하며, 고막이를 쌓거나 담장을 치는 일, 구들바닥 바름 등 일련의 작업 전부가 한식미장 작업의 범위에 속하는 것으로 되어 있다.

벽체의 종류로는 기둥과 인방이 보이는 심벽, 기둥과 인방이 보이지 않는 평벽 그리고 한 면은 기둥과 인방이 보이고 한 면은 기둥과 인방이 보이지 않도록 마감하는 한면 평벽, 한면 심벽으로 하는 벽이 있는데 목구조에서는 평벽의 경우 대부분 안 평벽, 밖 심벽으로 한다.

벽체는 마감재료에 따라 사벽·회반죽벽·회사벽·재사벽 등으로 나누고, 구조별로는 갑벽·온벽·반벽·전단벽·앙벽·합각벽·화방벽 등으로 나눌 수 있다. 영건의 궤에 의하면 치받이를 앙벽이라고 하였고, 앙토도 같은 뜻이다.

일반 벽체는 중깃을 세우고 중깃에 외대를 대고 외새끼로 엮은 다음 진흙이나 석회를 발라서 벽체를 구성한다. 가로외를 엮을 수 있도록 세운 샛기둥을 중깃이라고 하며, 기둥과 기둥 사이가 좁아 중깃을 세울 수 없는 좁은 곳에는 방보라를 가로로 설치하는데, 가로로 설치한 방보라에 세로외를 엮는 것이 일반 외엮기와 다르다. 가시새는 수숫대와 같이 약한 외대를 보강하는 것으로, 중깃에 구멍을 뚫어 끼워 넣거나 엮어 가로외를 보강하며 보통 중깃의 상하부에 설치한다.

합각벽은 지붕의 합각부분의 벽을 말하며, 와편이나 구운 벽돌 등을 사용하거나 또는 도자문양을 붙여서 여러 가지 모양을 만들기도 한다. 연골벽은 당골벽이라 하기도 하는데, 도리 위의 서까래와 서까래 사이의 틈새 벽을 말한다.

앙토받이는 기와를 올리기 위하여 알매흙을 올리고 그 밑의 산자부분을 바르는 것을 말하고, 고미반자 흙을 올리고 고미받이를 하는 것도 앙토받이와 같다고 볼 수 있다.

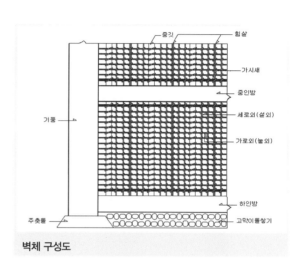

벽체 구성도

02. 벽쌤홈

벽쌤홈은 기둥이나 인방·주선·창대와 같이 벽의 맞닿는 곳에 틈이 나지 않게 하거나 미장재가 들어가 끼이게 하는 것이다. 목재와 흙이 맞닿는

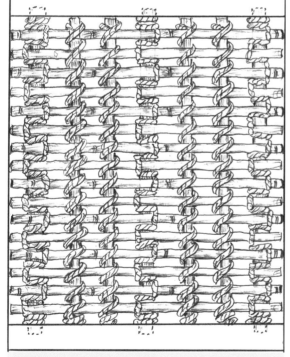

절충식 외엮기 전면도

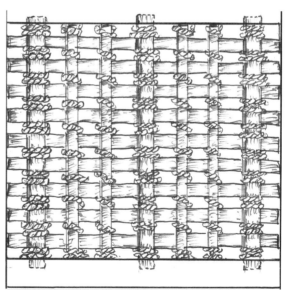

절충식 외엮기 후면도

기둥과 벽체 간 재료가 분리된 모습

벽쌤홈

이중 벽쌤홈

벽이 두꺼운 경우의 이중 졸대 벽쌤홈

보통 벽의 졸대 벽쌤홈

곳은 이질재료의 특성상 틈이 생기고 안과 밖이 서로 통하게 되어 단열은 물론 방음도 안 되며 미관을 해치는 요인이 된다. 이러한 단점을 보완하기 위하여 폭 30mm에 깊이 15mm 정도의 벽쌤홈을 만들어야 하는데 벽쌤홈을 두 줄로 하는 경우도 있다.

인방이나 주선에 모따기 형태를 하여 정벌마감이 목부재를 덮도록 한 경우도 있는데 기능으로 보아 벽쌤홈을 정상적으로 만든 것에 비해 품질이 좋지 않다.

벽쌤홈은 목재를 치목할 때 홈을 만들어야 하며 벽쌤홈을 만드는 일은 목공작업이지만, 만약 홈을 만들지 않고 조립하였다면 미장작업 전에 졸대를 대어 재료분리로 인해 서로 맞통하지 않도록 조치하여야 한다.

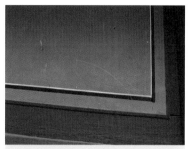

창덕궁 연경당의 소란대　　　창덕궁 연경당의 들창 소란대　　　단종왕릉 정자각의 소란대

03. 소란대 설치

인방 두께가 얇아 마감이 안 되거나, 단열을 위하여 벽의 두께를 확보하기 위한 경우와 재료 분리로 인한 틈서리 처리를 위해 벽체부분에 소란대를 설치한다.

벽쌤홈을 설치하지 않아 목재와 흙벽에 틈서리가 생겨 바람이 들어오거나 미관상 좋지 않을 때 소란대를 설치하면 좋다.

벽체를 두껍게 한 곳은 창덕궁 연경당의 사례가 있고, 목재와 흙벽의 재료 분리로 인한 틈서리 방지를 위한 소란대는 영월 단종왕릉 정자각 벽체에 시공된 사례를 볼 수 있다.

소란대의 폭과 두께는 건축물의 환경에 맞게 해야 하며 겹침은 인방이나 기둥에 부착하면서 흙벽면으로 5mm 정도 겹치게 하면 재료 분리로 인한 틈서리를 막을 수 있다.

04. 중깃 세우기

중깃은 중계(中棨), 중금목(中衿木) 또는 벽주(壁柱)라고도 하며 상중하 인방 사이에 외가지를 엮기 위하여 세워 대는 샛기둥을 말한다. 외력과 내력 상부에서 전해지는 하중을 고르게 분산시켜 지면으로 전달하고 휨모멘트 좌굴 방지 등 중요한 기능을 한다.

중깃에 사용하는 나무는 곧게 자란 나무 중 지름 4~5cm 정도의 통나무나 3~6cm의 각재를 쓰며 인방 두께의 1/2~1/3 정도인 나무를 사용하는 것이 좋다.

실제 문화재로 지정된 건물 중 인방의 두께가 7cm인 경우도 있는 사례를 볼 때

3cm 두께의 중깃도 사용이 어려웠던 경우가 종종 있다. 중깃의 간격은 기둥의 가장자리에서 6cm(2치) 정도를 띄우는 것이 좋으며 중깃과 중깃 사이는 30~40cm 전후로 세워 대는 것이 적당하다.

인방의 춤이 높으면 중깃 간격이 좁아야 하고, 춤이 낮으면 조금 넓게 해도 된다. 중깃을 세우기 위하여 중인방·상인방에 중깃을 세울 간격을 정하고, 촉구멍을 파서 상인방·중인방을 설치하면 중깃을 세우기 편리하다.

중깃의 설치 방법으로는 윗부분에 미리 깊이 파 넣었다 아래로 내려 맞추기를 할 수도 있고, 중깃이 들어갈 수 있도록 중깃 빗홈(안내로)을 파고 망치로 쳐 넣으며 몰아세우는 방법과 촉을 설치하고 노루발 모양을 만들어 촉에 끼워 몰아세우는 방법이 있다.

중깃을 세우기 전 꼭 벽쌤홈이 있는지 확인해야 한다. 벽쌤홈이 없으면 만들거나 부득이한 경우 반드시 인방이나 주선 또는 기둥에 졸대를 박아 재료 분리로 인한 틈새가 생기지 않도록 해야 한다.

(1) 중깃 올렸다 내려 맞추기

올렸다 내려 맞추기는 중깃 상부에 구멍을 5~6cm 정도 깊이로 파고 하부에는 2~3cm 정도로 판 다음 중깃을 위로 올렸다가 아래로 내려 맞추고 쐐기를 쳐서 고정하는 방식이다. 이 방법은 상부 구멍을 깊이 파야 하므로 작업성이 좋지 않다. 그러나 문화재 건축물이 아닌 경우나 원형을 보존할 필요가 없는 건축물에서는 전동드릴을 사용하면 작업성을 크게 향상시킬 수 있다.

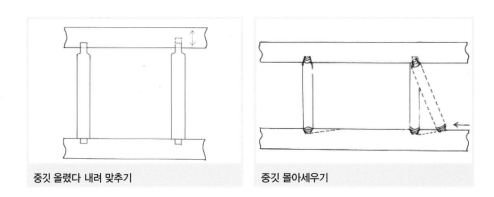

중깃 올렸다 내려 맞추기   중깃 몰아세우기

(2) 중깃 몰아넣기 방법

중깃 몰아세우기는 상부 구멍을 파서 끼우고 아래는 빗홈을 파서 망치로 몰아

중깃 상부의 끌작업

중깃 몰아세우기

중깃 몰아넣기

중깃 노루발 촉넣기

노루발 촉 세우기

노루발 몰아넣기

촉을 이용한 중깃넣기

세우는 방식이다. 이 방법은 우리 전통미장기법에서 많이 쓰는 방식으로, 빗홈부분으로 중깃이 빠질까 걱정하는 사람도 있는데 잘 살펴보면 전혀 문제가 없는 방식이다.

눌외엮기를 할 때 주선이나 기둥, 창 또는 문틀에 맞닿도록 하고 중깃과 눌외가 결구되면 다시 빠져나오지 않는다.

(3) 촉이음 노루발 중깃 세우기

중깃 세우기 방법으로 [사진-중깃 노루발 촉넣기]와 같이 촉을 박고 중깃대에 온턱 파내기를 하여 촉에 몰아넣거나 중깃이 가는 경우는 중깃을 촉에 대고 묶는다. 이 방법은 가시새 넣기를 용이하게 한다. 가시새를 넣기 위해서는 중깃을 움직여 고정할 수 있어야 한다. 이 방법은 중깃의 굵기가 굵은 경우에 가능하며 인방 두께가 너무 얇으면 중깃과 비례되므로 노루발 모양의 온턱파기가 곤란하고 이 부분이 약해질 수 있기 때문에 구조적으로 취약하다. 촉의 돌출부가 4.5cm 정도라면 노루발의 깊이는 7.5cm 정도로 하여 촉 상부에 가시새를 끼워 넣는다. 이때 노루발 내부에 가시새가 만나는 지점에는 가시새를 빗깎아 맞대서 약하지 않도록 한다.

벽을 걸려며는 중깃을 드려야 해. 가느다란 서까래를 웃중방하구 아랫중방에다 끼걸랑. 웃중방에 구녕 셋을 뚫어 가지구 중깃을 끼구 이 아랫중방에는 구녕을 뚫어 가지구는 중깃 아랫도리를 쭉 째서 노루발이라구 그걸 아랫중방에 박구는 중깃을 그 우에 태는 거지. 한 간에 대해서 중깃을 셋씩 해요. 그러면 이 웃중방 구녁은 애초에 말를 적에 그어 둔다 말이야. 그러구 사방 한 치 구녕을 뚫어. 이제 아랫중방은 너벅지는 한 치에다가 구녁이 너분으로 뚫어. 그러면 노루발이라구 참나무로 둣 닷 푼 되게 깎아서 아랫중방에다 박구 아랫도리를 짼 중깃을 디리 몰아서 노루발에다 태는 거지. 그러면 노루발하구 중깃 짼 거하구 새가 한 치쯤 되거든. 거기다가 가수새를 박는 거야. 그러면 그놈이 꼼짝 못하지.[1]

[1] 배희한 구술, 《이제 이 조선톱에도 녹이 슬었네》, 뿌리깊은나무, 1992.

또한, 인방 두께가 얼마인지, 어떤 재료와 방법을 쓸 것인지 미리 계획되어야 한다. 인방 두께가 3치 미만일 경우 4.5cm 두께의 중깃으로 쓴다면 외엮고 정벌마감 작업을 하기가 어려울 수 있다. 이런 경우에는 외대 두께와 새끼줄 두께를

노루발기법의 중깃넣기

벽쌤 있는 중깃넣기

감안하여 정벌마감이 될 수 있는지 점검하고, 마감 두께가 나오지 않으면 눌외 반대 방향(보통 외벽 쪽으로)으로 외대 두께만큼 밀어 중깃을 세우면 미장마감하기가 용이하고 벽면의 배부름현상을 미리 예방할 수 있다.

중깃 설치의 깊이는 보통 2~3cm 정도는 되어야 건물의 변형에도 탈골 또는 변형으로 인한 하자가 발생하지 않을 것이다. 인방의 폭이 커서 중깃이 굵어지면 깊이를 더 깊게 해 주어야 한다.

05. 방보라 넣기

벽을 만들 폭이 좁을 때에 중깃 대신 가로질러 끼우는 나무 막대기를 '방보라'라고 하며, 기둥과 기둥 사이 또는 주선과 문선에 가로 대는 것으로, 중깃과 같은 역할을 하도록 설치하는 것이다.

방보라

벽선 형식의 방보라

방보라 외엮기

방보라 형태의 외엮기

중인방이 생략되거나 기둥 사이가 40cm 이하인 장소에는 방보라를 설치하는 것이 좋다. 철근콘크리트의 철근배근에 있어 단변 방향에 주근을 설치하는 원리와 같은 것이다. 이러한 시공기법은 매우 과학적인 방법으로 우리 조상들의 지혜를 엿볼 수 있는 좋은 사례가 된다.

방보라를 넣는 방법은 세로대는 중깃과 같은 규격으로 하고 기둥이나 주선 창틀 양면에 구멍을 파고 위에서 아래로 내려갈 수 있도록 빗홈을 파서 위에서 아래로 맞춘다. 외대를 엮을 때 방보라에 설외를 엮어 벽체를 구성하는 것이다.

06. 가시새 넣기

가시새는 중깃에 구멍을 뚫어 끼워 넣거나 엮는 것으로, 상하 인방에서 안목치수로 2~3치 정도 간격을 두고 가시새를 넣고 인방 사이가 크면 60cm 간격으로 넣는데 보통은 중간에 한 번 정도 넣어 주면 된다. 가시새를 넣는 이유는 가로외대의 약한 부분을 보강하기 위해서다. 특히, 수숫대·갈대·조릿대 등 약한 외대로 시공하면 벽체가 견고하지 않기 때문이다. 이와 같이 약한 외대를 보강하기 위하여 단단한 물푸레나무, 싸리나무, 잡장목, 대나무, 각재 등을 가시새재료로 사용할 수 있다.

> 중방에다 중깃을 드리며는 고 중깃에다 구녕을 세 개씩 뚫어. 꼭대기에 요마큼 새를 두구 뚫구 가운데 하나 뚫구 아래에두 새를 두구 뚫어 가지구 가느다란 참나무를 쪼개서 그놈을 깎아서 중깃에다 끼워. 그걸 가수새라구 그러지. 가수새두 그냥 집어 넣는 것이 아니구 서로 엇깎아서 집어 넣지. 그러면 이쪽 가수새하구 저쪽 가수새가 엇물리는 거지. 이제 가수새 끼워 놓구 수수깡이나 싸리가지를 대구는 새끼루 꿰어 박는 거지. 꿰라는 거는 얽는 거지. 수수깡이나 싸리가지루 엮은 걸 욋가지라구 그러지. 설외 먼점 얽구 눈외 얽구 그러지.[2]

2 배희한 구술, 《이제 이 조선톱에도 녹이 슬었네》, 뿌리깊은나무, 1992.

최근에 현장을 조사하여 보면 중깃에 구멍을 내어 가시새를 끼워 넣는 것이 아니고 가시새를 중깃에 붙여 대고 못으로 고정하는 곳을 종종 볼 수 있는데, 이것은 전통방법에 의한 시공이라고 할 수 없다.

요즘 신축하는 건축물은 재료의 공급이 원활하여 보통 대나무 외대를 많이 사용하므로 이때는 가시새를 별도로 넣지 않아도 될 것이다. 대나무인 눌외재료 자체가 가시새의 역할을 하기 때문이다.

그러나 문화재 등 원형대로의 보수·복원을 위하여 외대를 해체해 보수할 경우에는 원상태를 미리 조사·분석하여 원래 형태와 같이 보수해야 하며 가시새를

가시새 넣기

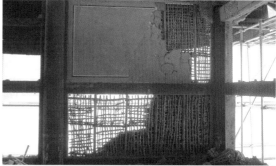
가시새를 넣은 벽체

넣는 공정을 생략해서는 안 된다.

중깃의 두께가 얇아 가시새를 넣는 것이 현실적으로 어려운 경우가 있다. 중깃의 두께가 1치가 안 되는 경우도 있으니 이러한 중깃에 구멍을 뚫어 가시새를 집어 넣는 것은 오히려 중깃만 취약하게 만드는 것이다.

이렇게 구멍을 뚫어 가시새를 설치할 수 없는 경우는 가시새 위치에 눌외 대신 가시새를 엮어 댄다. 필요한 경우 뒷면 가시새 위치 중깃에 가시새를 대고 보강하는 경우도 있다. 이 경우 뒷면의 마감에 문제가 없는지 잘 살펴야 한다.

07. 외(椳)엮기

외(椳木)를 엮는 재료는 보통 그 지역에서 생산되는 것으로서 쪼갠 대나무, 싸릿대, 버들가지, 나무졸대, 수숫대, 겨릅대, 옻나무, 북나무, 갈대 등 건조된 외대를 사용하였고, 궁궐 등 특별히 중요한 건축물은 먼 곳에서부터 외대를 운반하여 사용하였던 것을 볼 수 있다. 보물 제306호로 1500년대에 지어진 안동 하회마을의 양진당 벽체를 살펴보면 북나무 외대에 칡과 짚새끼로 외를 엮은 것을 볼 수 있는데 그 지역에서 생산된 재료를 사용했음을 보여 준다.

신축 건축물의 외대로는 쪼갠 대나무가 적합한 것으로 생각된다. 쪼갠 대나무로 외를 엮을 경우 앞에서 살펴보았던 가시새 넣기를 생략하여도 외벽이 약하지 않고 또한 외대가 곧기 때문에 벽면의 평활도 유지에도 유리하다. 외대 중에서 싸릿대의 경우는 잔가지가 많으므로 원줄기를 쪼개고 잔가지를 미리 손질하여 사용해야 벽체의 튀어나오는 면이 생기지 않도록 할 수 있다. 수숫대를 외대로 사용할 때에는 가시새 넣기와 힘살대기를 꼭 하여야 벽체의 약한 부분을 보강할 수 있다.

외대는 뿌리부분과 윗부분을 서로 엇바꾸어 얽어야 외대의 간격이 고르게 되며, 대나무의 경우 3cm 정도의 폭으로 쪼개어 사용하는 것이 좋다. 또 외엮을 때 쪼갠 외대는 배면과 등면을 서로 바꾸어 가면서 엮는 것이 좋다. 이것은 외벽의 면을 고르게 하고 초벽의 부착력을 고르게 하기 때문이다. 대나무 등면처럼 매끈한 면이 한쪽으로만 가도록 하면 접착에 있어서 매우 불리하다.

외를 엮는 외새끼는 보통 지름 6~9mm를 사용하는 것이 좋다. 외엮기용 새끼는 짚으로 꼰 새끼 외에도 논이 없는 산간지방에서는 칡넝쿨을 사용하기도 하고 등나무 넝쿨, 비사리, 피나무 껍질, 마피(麻皮), 띠풀을 사용하기도 하였다. 기존의 건물을 해체하여 보면 흙으로 잘 피복이 된 외대나 외엮기 재료의 상태는 대부분 양호한 것으로 나타났다. 이를 통해 흙의 방부성·항균성이 매우 우수하다는 것을 알 수 있다.

외대엮기 시 문화재 등 원상태로 보수 또는 복원하여야 하는 건축물은 해체할 때에 조사해 놓았던 방법대로 외엮기를 하여야 한다. 외대는 건물의 안쪽에서 중깃에 눌외를 대고 엮는 것이 원칙이며, 이것은 초벽을 안에서부터 바르기 위해서다. 안에서 초벽을 치면 건조가 유리하고 채광이 좋아 작업 환경도 좋다. 그 외에도 내부에서 물건을 벽에 기대어 쌓아 두거나 생활 도중 벽체 바깥쪽으로 내미는 경우가 많아 사용 구조상으로도 외대를 안쪽에서 엮는 것이 유리하다.

외엮기 방법에는 외대와 중깃을 대각선으로 엮는 방법과 외대를 수직으로 걸고 중깃을 수평으로 한 번 휘감아 엮는 두 가지 방법이 있다. 외대를 수직으로 걸고 중깃을 수평으로 휘감는 방법에 대해 필자는 최근 명칭, 규격을 새로 정하였다. 문헌이나 현장에서 엮는 방법의 명칭을 규정한바 없으므로 본서에서는 대각선으로 엮기는 그대로 '대각선 엮기'로, 외대 수직으로 걸어 중깃 휘감기는 '절충식 외엮기'로 구분하여 용어를 정의하였다. 절충식은 중깃에서 외대를 수직으로 걸고 중깃을 수평으로 휘감아 엮고 눌외와 설외, 눌외와 힘살은 대각선 엮기를 하므로 절충식이라 하였다.

또한, 외대를 엮지 않고 못을 박아 고정한 널외 바탕, 송판을 사용한 판벽 등이 있다. 널외나 판벽기법을 적용하여 미장 바탕을 조성한 문화재 건축물로는 중요민속자료 제125호인 1800년대 말에 지은 경기도 화성의 정용래 고택을 사례로 들 수 있다.

설외를 엮는 간격은 중깃과 힘살, 힘살과 설외 모두 안목치수로 6~9cm 정도가 적당하다. 손가락 3~4개로 눌외를 잡고 설외를 엮으면 6~9cm 내외가 되므로 특별히 자질을 하지 않아도 간격을 맞출 수 있으며, 눌외의 간격은 안목치수로

대각선 엮기	대각선 엮는 순서 1	대각선 엮는 순서 2
대각선 엮는 순서 3	대각선 엮는 순서 4	대각선 엮기 후면

3~4cm가 적당하다. 눌외의 간격도 굵은 손가락 하나 정도면 3~4cm가 되므로 일일이 자질을 하지 않아도 된다. 이렇게 하면 정방향으로 약 가로 6cm, 세로 3cm 정도의 구멍이 생겨 초벽 흙이 적당히 밀려 나가 철봉대를 잡은 모양으로 잡고 있어 여기에 맞벽을 쳤을 때 구조적으로 안전하다.

외엮기에 있어 무조건 촘촘해야 된다고 생각해서는 안 된다. 흙이 적당히 밀려 나가 물고 있어야지 밀려 나가지 않으면 박락의 원인이 되기 때문이다.

(1) 대각선 외엮기

대각선으로 엮는 방법은 중깃을 외대에 대고 대각선으로 한 번씩 감아 엮는 방법이다. 엮는 방법은 단순해 보이지만 절충식 엮기보다 품이 많이 들고 처음 엮을 때 외대가 처지는 현상이 발생하고 외대의 조임 상태가 느슨해지기 쉽다. 외대를 혼자 엮을 때는 대각선 방향으로 처진 외대를 다시 간격을 조절하며 엮어야 하므로 중깃과 외대가 견고하게 조여지지 않는다. 이러한 대각선 방향 엮기는 외대가 약한 수숫대 등을 엮을 때 어쩔 수 없이 사용하는 방법이다. 수수대 등 외대가 약한 것은 수직 걸어 중깃 휘감기로 할 경우 외가지를 외새끼가 조여 외대가 손상되어 부러지는 현상이 발생할 수 있기 때문이다.[3]

3 김진욱, 〈한식 벽체 미장기법에 관한 연구〉, 건국대 석사논문, 2005.

외대 수직 걸고 중깃 휘감기 순서 1

외대 수직 걸고 중깃 휘감기 순서 2

외대 수직 걸고 중깃 휘감기 순서 3

외대 수직 걸고 중깃 휘감기 순서 4

(2) 외대 수직 걸고 중깃 휘감기

외대를 수평으로 대고 새끼줄을 수직으로 외대를 감아 당긴 후 외새끼를 중깃에 한 번 휘감아 돌리면서 반복하면 외대가 단단하게 조여지고 중깃에 한 번 휘감음으로써 외대의 처짐이나 움직임을 방지하며 외대 간격을 일정하게 유지하는 데 유리한 공법이다.

또한, 중깃에 휘감아 조이므로 새끼로 외대를 수직으로 감아 당겨 느슨해지는 것과 외대가 처지는 것을 예방할 수 있다. 얼른 보기는 매우 복잡해 보이지만 새끼줄 전체를 돌리지 않고 반복 작업하므로 대각선 외엮기보다 작업성이 훨씬 좋다.

(3) 절충식 외엮기

앞서 필자는 대각선 외엮기와 외대 수직 걸고 중깃 휘감기 두 방법을 혼용하는 방식을 절충식 외엮기 방법이라 하였다.

외대 수직 걸고 중깃 휘감기 후면 1

외대 수직 걸고 중깃 휘감기 후면 2

외엮기 마감

외엮기(봉화 송석헌 선생의 고택)

　이러한 절충식 방법이 작업성과 내구성 면에서 좋은 방법이라 생각한다. 외대를 중깃에 엮을 때는 중깃에 수직 걸어 휘감기로 하고, 눌외에 설외나 힘살을 엮을 때는 대각선으로 엮으면 두 방법 중 장점만을 활용한 외엮기를 할 수 있기 때문이다.

　그런데 문화재 건축물의 경우는 외엮기 방법에 있어 어느 방법이 맞다고 단정해서는 안 될 것이다. 창건 당시의 기법으로 해야 하기 때문이다. 다만 실측조사가 제대로 되지 않아 창건 당시의 기법을 알 수 없을 때에는 구조적으로 안전한 방법으로 외엮기를 해야 한다. 또한, 신축하는 건축물의 목조 벽체에서는 절충식 방법으로 외엮기를 하면 좋을 것이다.

절충식 외엮기

(4) 힘살대기

힘살은 수숫대·갈대와 같이 외대가 약한 경우 나무 외대를 설외 중간에 세워 보강하는 것이다. 이때 가시새와 힘살은 서로 보완재 역할을 한다. 목재인 힘살을

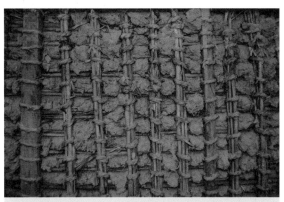

수수대로 외엮기

중요민속자료 정용래 가옥

널외 바탕의 벽체
(정용래 가옥)

변형된 외엮기 방법으로 보수한 모습

널외 바탕의 벽체

널외로 변형 시공한 모습

상하 또는 중간에 설치된 가시새에 수직으로 힘살(설외의 역할을 겸함.)을 엮으므로 외대의 취약한 점을 보강한다.

(5) 널외 바탕

중요민속자료 제125호인 정용래 가옥의 경우 기법으로 보아 조선 후기에 지어진 것으로 추정되지만 벽체가 널외로 구성되어 있는 사례다. 이 가옥의 경우 약 6mm 정도의 두께에 약 6cm 정도의 널을 대고 못을 박아 널외 바탕을 만들었다. 중간에 보수한 흔적이 보이지 않는 것으로 보아 처음 지을 때 널외 바탕으로 한 것으로 추정되며 많이 개량화하고자 하였던 흔적을 볼 수 있다.

벽의 대부분이 탈락되어 있었는데 앞에서 설명한 바와 같이 외대 폭이 넓고 일정 간격을 두지 않아 초벽이 밀려 나가 붙어 있지 않고 탈락되었다. 널외의 폭을 좁히고 간격을 3cm 정도 두고 널외를 설치하였다면 미장재료가 탈락하지 않았을 것이다.

옛 서울시청이나 옛 전남도청도 널외 바탕으로 되어 있지만 한국식 전통미장기법이 아니므로 근대건축 편에서 기술하기로 한다.

(6) 포벽

공포와 공포 사이의 벽을 포벽이라고 하는데, 외엮기 방법과 전돌로 마감을 하는 경우, 전돌을 쌓고 미장마감을 하는 경우 또는 판벽으로 하는 경우가 있다.

외엮기 방법의 포벽

변형된 포벽(벽체의 시멘트벽돌 쌓기)

변형된 포벽(평방 위 포벽 중깃 홈)

판벽의 경우는 목공작업을 하면서 같이 하는 목수일이고 그 외 공법은 미장일인데, 포벽의 하자가 많이 발생하므로 구조체를 견고하게 해야 하며 마감 미장에도 공을 들여야 한다. 벽면이 작으므로 압축이나 외력에 의한 완충작용이 안 되고 바로 힘을 받아 벽체 파손현상이 종종 발생되기 때문이다.

08. 기존 미장면 해체 및 수리 하기

(1) 개요

문화재 건축물 등 원형을 유지할 목적으로 기존 벽체를 보수하는 경우 신축하는 것보다 어렵다고 볼 수 있다. 단순히 외를 엮고 흙이나 석회를 바르는 일에서 벗어나 주변 환경과 조화를 이루도록 해야 하기 때문이다. 이때 시공방법은 기둥이나 인방을 교체하였는지, 벽화나 단청의 문양은 보존할 것인지 또는 다시 시공할 것인지에 따라 달라져야 한다. 미장의 품질에 따라 벽화나 단청의 내구성과 품질 유지가 많은 영향을 받기 때문이다.

그러나 현실은 철거하는 사람 따로, 복원·보수하는 사람 따로, 작업을 하다 보니 미장작업하는 사람은 처음에 어떻게 시공되었는지 전혀 알지 못하고 작업을 하는 경우가 많다. 이러한 점은 하루 빨리 개선되어 철거 때부터 마감공사를 하는 사람들이 작업에 참여하도록 해야 할 것이다.

(2) 사전조사

문화재 건축물의 경우 철거 전에 사전조사를 하여 보수·복원 시 반영하도록 하는데 단순히 외관만 보고 조사 판단해서는 안될 것이다. 벽체 내부의 중깃·외대·외엮기 재료로는 무엇을 사용하였는지 조사·기록해 두고, 중깃의 취부방법과 외엮기방법도 살펴 기록해 놓아야 한다.

벽체를 발라 속이 보이지 않는다고 창건 당시 시공방법과 전혀 다른 방법으로 시공한 사례를 많이 볼 수 있는데 안성 석남사 영산전이 그 사례가 될 것이다.[4] 일제강점기 이후 보수·복원 과정에서 변형 시공된 사례는 수없이 많다.

초벽재료도 순수 흙으로 발랐는지 석회를 섞었는지 살피고, 재벌재료와 정벌재료도 해체 전에 꼭 살펴봐야 한다. 중간에 보수를 하였다면 그대로 보수하지 말고 창건 당시의 부분을 참고하여 기록해 보수하도록 하면 될 것이다. 특히, 벽화·단청이 있는 경우는 벽화 벽을 재취부하여 쓸 것인지, 벽화를 다시 그릴 것인지를

4 문화재청, 〈안성시 석남사 영산전 해체실측·수리보고서〉, 2007. 07.

정하고 벽화가 있는 벽을 철거할 때는 원형이 훼손되지 않도록 떼어 보관하고 사진이나 기록으로 남겨 추후 원형 복원에 활용하도록 해야 한다. 이러한 조사는 해체작업 사전에 하여야 하지만 벽 속의 벽골 상태까지 조사하려면 해체작업을 하면서도 조사해야 한다.

조사 방식으로는 육안으로 조사하거나 기구를 이용한 방법 중 선택하여야 할 것인바 중깃의 탈골·뒤틀림·갈라짐·박락·박리·균열·부식 등은 육안검사로 하며, 재료의 성분이나 육안으로 보이지 않는 부분은 재료의 화학적 성분 분석이나 적외선 카메라를 사용하거나 하여 조사해야 한다. 이러한 조사를 하지 않고 문화재 건축물을 수리·복원한다면 진정성 있는 원형보존과 수리가 이뤄지지 않기 때문이다.

(3) 해체

해체방식은 시공방법의 역순으로 하면 된다.

① 벽화나 단청을 재사용할 것이면 경화 및 화면 보호, 보존 처리를 하여 벽 전체를 파손 없이 떼어 낸 다음 재취부하도록 해야 한다.

② 재사용하지 않을 경우 미리 사진촬영이나 모사를 하여 복원·보수할 때 원형을 잃지 않도록 조치해야 한다.

③ 벽을 재사용할 경우 벽화나 단청이 파손되지 않도록 벽 전체를 떼어 보관해 두도록 한다.

④ 문화재 수리에 있어 최소한의 보수 원칙에 준하여 벽골을 그대로 두고 일부분의 미장면을 보수할 때는 정벌면을 긁어내듯이 해체작업을 하고 가능한 한 두들기거나 충격을 주지 않으며 해체한다.

⑤ 정벌바름과 재벌바름을 해체하여 조사하고 초벌 상태를 확인 후 중깃넣기나 외엮기의 상태를 확인, 최소한의 보수만 하도록 조심해서 해체해야 한다.

⑥ 각종 정밀 기계를 활용하여 재료의 물성을 파악하고 해체된 부재는 보존해 자료로 활용할 수 있도록 하여야 한다.

(4) 재설치

벽화나 단청을 살려 벽체 전체를 떼어 낸 경우 목조공사가 완료된 후 고정보조재를 활용하여 재취부하도록 한다.

3 벽체 바르기

01. 초벽치기

　미장용 흙은 가능한 한 제자리 또는 그 지역의 흙을 이용하면 집 주변의 환경과
잘 어울릴 것이다. 그러나 지역의 흙의 품질이 불량한 경우 외부에서 반입하여 사
용해야 한다. 부득이 외부에서 흙을 받아서 사용할 때는 오염되지 않은 흙을 받는
데 주의한다. 흙은 지표면으로부터 1m 정도 아래 땅속에 있는 것을 채취하는 것
이 좋고, 부유물질이나 식물 뿌리에 의해 오염이 되지 않은 것을 사용한다.

　초벽은 홑벽이라고도 하는데, 초벽용 흙은 점성이 많은 사질 점토로서 15mm
체를 통과한 것을 사용한다. 보통 우리나라에 분포되어 있는 점토로 재료의 준비
는 어렵지 않은데 초벽용 흙 100L 대 볏짚 0.6kg 대 모래 적당량으로 한다. 여기서
모래의 비율은 정량적으로 나타내기는 어려운데, 이것은 초벽용 흙의 모래 함유량
인 조립률이 서로 다르기 때문이다. 모래가 적으면 초벽이 갈라지고, 모래가 너무
많으면 부착력과 강도가 부족하므로 초벽용 흙의 모래 함유량을 파악하여 가감해
야 한다.

　볏짚은 오래되어 부패되거나 오염되지 않은 것으로 최근에 생산한 것을 사용하
는 것이 좋다. 볏짚은 모탕에 놓고 도끼로 절단하거나 작두로 절단하여 사용하는
데 볏짚의 길이는 6~9cm 정도가 좋다. 초벌바름용 흙에 볏짚을 섞어 물을 가하
고 잘 섞으면서 덩어리는 깨트리고 반죽하여 2~3일 이상 거적을 덮어 보관했다가

초벽용 흙반죽하는 모습

초벽

초벽의 균열

표 3-1 초벽 배합비

공정별	구분	흙(L)	모래(L)	짚여물(kg)	비고
초벽	홑벽	100	적당량	0.6	흙의 점도에 따라 모래양 조절
	맞벽	100	적당량	0.4	

사용한다. 그러나 봄과 가을에는 볏짚을 미리 넣어 반죽하면 볏짚이 숙성되어 사용하기 편리하나, 장마철이나 한여름에는 볏짚이 부패하므로 사용하기 하루 전에 볏짚을 섞도록 하는 것이 좋다.

특히, 주의할 것은 장마철에는 특별한 경우를 제외하고는 흙작업을 하지 말아야 한다는 것이다. 우리 속담에 "얼마나 어려우면 장마 때 흙일을 하는가."라는 말이 있다. 이것은 장마철에 흙일을 하여서는 안 된다는 뜻인데, 다시 한 번 설명하면 흙재료가 특성상 기경성 재료이므로 장마철에는 기경되는 것이 아니라 오히려 습기를 빨아들여 미장 결합재나 벽골을 부패시키기 때문이다.

초벽 바르기는 먼저 외를 엮은 안쪽에서부터 바른다. 먼저 안에서 바르는 가장 큰 이유는 한식미장 재료가 기경성 재료이므로 햇빛과 통풍에 의하여 건조를 빠르게 하기 위함이다. 먼저 밖에서 초벽을 바르고 맞벽을 안쪽에 바를 경우 통풍 불량과 햇빛이 들지 않아 건조가 더디어 공사기간도 지연되고 품질도 불량하게 된다. 또한, 먼저 외벽을 바를 경우 안 내부가 어두워 작업이 불편할 것이다.

바르는 방법은 위에서부터 기둥과 중방이 있는 둘레를 먼저 발라서 대략 두께를 정한 다음 가운데를 채워 바르는 것이 유리하다. 초벽의 흙은 맞벽 반대편에 충분히 밀려 나가 가로외대에 걸치도록 적당히 힘을 주어서 종횡으로 눌러 바르는 것이 좋다. 이때 초벽이 뒤로 밀려 나가는 정도는 인방과 기둥의 두께에 따라 달라지지만 뒷면 중깃의 외새끼를 덮을 정도면 적당하다. 벽쐐홈이 있는 경우 벽쌤홈에 작은 흙손으로 밀어 넣어 빈틈없게 채워지도록 세심한 주의를 기울여야 한다.

기둥과 인방과의 초벽 깊이는 6~9mm 정도로 깊게 발라야 마무리작업을 할 때 유리하다. 초벽을 바를 때는 전체 면의 평활도가 유지되도록 하여야 한다. 그러나 궁궐이나 규모가 큰 건물의 경우 인방의 두께가 두꺼우면 초벽 때 초벽면을 평활하게 하기는 어렵다. 중깃부분은 두껍고 설외부분은 얇게 발라지게 되어 고름질 때 평활하게 면고르기를 하여야 한다. 무리하게 초벽에 면고르기를 하면 초벽 두께가 두꺼워 자중에 의해 처짐 또는 균열이 심하여 불량하게 되기 때문이다. 초벽면의 마감은 재벽 바를 때의 접착력을 생각하여 면을 거칠게 해 두는 것이 좋다. 뒷면에 많이 밀려 나간 부분은 마감면을 고려하여 흙손으로 눌러 맞벽칠 때 깨어 내는 일이 없도록 하여야 한다.

02. 맞벽 바르기(맞벽치기)

초벽치기의 건조 상태를 보아 건조가 되면 맞벽 바르기를 한다. 맞벽 바르기도 초벽의 일종이다. 이때의 건조 상태는 건조 과정에서 나타나는 균열이 충분히 발생하고 맞벽 바르기로 인하여 안쪽의 초벽이 건조되는 데 문제가 없을 정도로 되어야 한다. 맞벽바름의 배합은 초벽용 흙 : 짚 : 모래=100L : 0.4kg : 적당량으로 초벽에 비하여 볏짚양을 적게 한다. 초벽을 칠 때에는 외대의 공간을 메워 주는 역할을 하였지만, 맞벽에서는 초벽의 흙과 맞벽이 서로 부착력이 있어야 하므로 볏짚을 1/3 정도 줄여 부착력을 높인다. 맞벽바름에 있어서도 초벽치기와 마찬가지로 기둥이나 인방에서 6~9mm 정도로 깊게 발라 재벽이나 정벌바름에 지장이 없도록 하며 전체 면이 고르게 해야 한다. 초벽이나 재벽을 바른 후 벽면을 거칠게 하여 두어 다음 공정 때 부착이 잘되도록 해야 한다.

맞벽 바르기에서 설외와 설외, 설외와 중깃 사이를 바르면 초벽 흙의 유동이나 탈락이 발생할 수 있으므로 중깃의 측면 방향으로 힘을 주어 먼저 바르고 외대에 바르는 것이 유리하다.

맞벽

03. 고름질 및 재벽 바르기

(1) 고름질

고름질은 재벽 바르기 전의 바탕 고르기 공정이다. 초벽을 치고 건조시킨 뒤 고름질 흙으로 틈서리, 갈라진 곳, 우묵한 곳을 채우고 전체 면을 평활하게 하는 작업이다.

초벽친 면에 수축 및 처짐현상이 생기게 되고 이러한 면에 재벽바름을 할 경우 우묵한 부분이 두꺼워져 자중과 수축에 의하여 초벽과 같이 갈라지므로 균열부분과 우묵한 부분을 미리 채워 벽체를 평활하게 해 재벽바름 바탕을 조성하는 것이다.

벽체 두께가 얇고 초벽의 갈라짐현상이 심하지 않으면 고름질 공정은 생략하여도 무방할 것이다. 그러나 인방의 두께가 두꺼워 중깃의 굵기가 굵을 경우 고름질 공정이 필요하다. 중깃이 굵으면 중깃부분과 외대부분이 수평으로 요철이 매우 심하기 때문이다.

(2) 재벽·재벌

재벽은 현대미장공법에서 재벌바름 공정에 해당되며, 고름질한 후 중깃과 외대에서 나오는 진물이나 얼룩 등 흙의 건조 상태를 확인하고 재벽바름을 한다. 고름질과 재벽 바르기는 재료가 서로 동일하며 배합비도 같아 공정상 고름질은 초벽 바탕에, 재벽바름은 고름질 바탕에 바르는 것이 다를 뿐이다.

고름질과 재벽용 흙은 보드랍고 빛깔이 좋은 흙을 선별하여 쓰는 것이 좋다. 흙은 6mm 체를 통과한 정도의 입자가 적당하다. 여물은 짚새끼를 2cm 정도 풀어서 쓰든지, 짚을 1cm 정도로 잘라 사용하기도 하고, 타작할 때 나오는 부드러운 검부러기를 사용하기도 하나, 짚여물을 쓰는 것이 가장 무난하다. 모래는 1~2mm 정도의 잔모래를 쓰는 것이 좋다. 재벽바름 시 개탕 주위를 얼룩 없이

재벌·재벽

표 3-2 고름질·재벽의 배합비

공정별 \ 구분	흙(L)	모래(L)	짚여물(kg)	비고
고름질·재벽	100	40~100	0.4~0.7	흙의 점도에 따라 모래양 조절

발라 평탄하고 깨끗하게 손질하여야 한다. 재벽·재벌할 때는 정벌마감 두께를 고려하여 작업을 해야 할 것이다. 정벌을 하지 않고 재벽(재사벽)으로 마무리할 것인지, 정벌 공정이 있는지 염두에 두어야 하고 정벌용 회사벽, 회반죽, 백토, 황토마감을 할 경우 마감선으로부터 약 4~6mm 정도 여유를 주어야 한다.

회반죽이나 회사벽으로 마감할 경우 재벽 바를 때 골재 3~4 대 소석회 1 정도 비율로 배합하면 바름재료의 안정성효과가 크므로 재료 분리에 의한 박락이나 균열 예방에도 효과가 있다.

04. 정벌 바르기

(1) 의궤 자료에 따른 재료 배합

재료의 배합량은 재료에 따라, 작업 위치에 따라 서로 다르다. 먼저 고결재인 석회의 생산 품질과 결합재의 품질이 다르기 때문에 정확하게 정량적으로 계량하기는 곤란하다. 석회의 품질만 보더라도 제조회사마다 품질이 다르며 같은 회사 제품이라 하더라도 등급별로 품질이 다르기 때문이다.

다음 작업 공정의 위치별이라고 하는 것은 같은 미장재료라 하더라도 바닥, 벽, 양성, 줄눈의 재료 배합비가 다르기 때문이다. 그러나 기준을 세워 장인들이 현장에서 가감할 수 있는 기본 틀은 만들어야 할 것이다.

또한, 도량 환산법의 변화로 인하여 단순 부피 비율을 적용하는 것은 차이가 없으나 부피로 비율을 정한 것과 무게로 비율을 정한 것이 다르기 때문에 현재 시점에서 도량을 환산할 필요가 있다. 의궤의 기록을 바탕으로 배합재료와 배합량을 분석하고 이러한 자료를 현재 도량에 편리하도록 정리하여 재료 배합비의 기준을 정하고자 한다.

표 3-3 부피 도량 변화 (단위: L)

단위 ＼ 시대	세종 28년 도량 체제(1446년)	광무 6년(1902년)	광무 9년(1905년)~현재
홉(合)	0.060	0.06	0.18
되(升)	0.597	0.60	1.80
말(斗)	5.975	6.03	18.00
평섬(小斛, 石)	89.635	90(石)	180(石)
전섬(大斛, 石)	119.514		

[표 3–3]에서 보는 바와 같이 세종 28년(1446년), 경국대전(1469년)까지는 홉·되·말 단위에는 큰 변화가 없고 광무 6년(1902년) 섬(石)에서 90말(斗)로 된 것을 볼 수 있다. 이어 광무 9년(1905년)에 대폭 수정되어 홉·되·말·석이 모두 변하였다. 1964년에는 리터법으로 통일되었다. 전통미장은 일제강점기 이전의 기법을 기준으로 연구되어야 하므로 광무 이전인 세종 28년(1446년) 도량체제, 즉 경국대전에 기록된 내용을 기준으로 계량돼야 할 것이다.

중요한 것은 당시의 평·섬이 오늘날 약 90L에 해당하는 반면, 오늘날의 한 섬은 180L라는 것이다. 그러니 그때의 한 섬으로 계량을 하면 큰 착오가 생기게 된다. 앞서 살펴본 바와 같이 단순 양적비를 나타낼 때는 같은 단위의 비율이기 때문에 문제가 없지만 부피와 무게의 단위가 혼재된 기록을 바탕으로 할 때는 부피 단위를 보정해야 한다.

표 3-4 무게 도량

단위	그램	킬로그램	비고
돈	3.75	0.00375	
량	37.50	0.0375	
근	600.00	0.6000	
관	3750.00	3.7500	6근 4량

5 조영민, 〈17C 이후 미장(泥匠) 기법 변천 연구〉, 명지대 박사논문, 2014. p. 77.

표 3-5 영건의궤에 기록된 벽체재료[5]

의궤 목록	연도	세사 (細沙)	사벽 (砂壁)	휴지 (休紙)	교말 (膠末)	진말 (眞末)	백와 (白瓦)	백토 (白土)	곡초 (穀草)	마분 (馬糞)
창경궁수리소의궤	1633	○		○	○	○	○			
창덕궁창경궁수리도감의궤	1652	○			○		○			
창덕궁만수전수리도감의궤	1657	○		○		○				
영녕전수개도감의궤	1667	○		○			○			
남별전중건청의궤	1677	○		○			○			
경덕궁수리소의궤	1693		○							
종묘개수도감의궤	1726	○		○	○		○	△	○	
진전중수도감의궤	1748							△	○	
의소묘영건청의궤	1752							△	○	
수은묘영건청의궤	1764		○					○		
건원릉정자각중수도감의궤	1764		○	○	○					

표 3-5 (계속)

의궤 목록	연도	세사 (細沙)	사벽 (砂壁)	휴지 (休紙)	교말 (膠末)	진말 (眞末)	백와 (白瓦)	백토 (白土)	곡초 (穀草)	마분 (馬糞)
경모궁개건도감의궤	1776		○	○				△		
진전중수영건청의궤	1772		○					○		
현사궁별묘영건도감의궤	1824	○	○		○					
서궐영건도감의궤	1832	○	○							
창경궁영건도감의궤	1832	○	○					△		
창덕궁영건도감의궤	1832	○	○					△		
종묘영녕전증수도감의궤	1836	○	○		○			△		
남전증건도감의궤	1858	○	○					△		○
진전중건도감의궤	1901	○	○					△		○
경운궁중건도감의궤	1906	○	○					△		○

표 3-6 세사와 석회 1섬의 기준 수량

기준	연도	세사	석회	사벽
산릉도감의궤	1725년 이전	20말	5말	
	1725년 이후	15말	15말	
영건도감의궤		15말	20말	
탁지준설				10말

(2) 생석회 피우기

생석회(CaO)를 공기 중에 방치하면 수분과 이산화탄소를 흡수하여 수산화칼슘[Ca(OH)$_2$, 소석회]과 탄산칼슘으로 분해한다. 또 물을 부어 작용시키면 발열하여 수산화칼슘[Ca(OH$_2$), 소석회]이 되고, 이러한 수화작용을 '강회를 피운다' 또는 '생석회를 피운다'라고 한다. 생석회의 수화열은 생석회의 원재료, 생산 과정, 품질에 따라 다르지만 보통 1,140kJ/kg이다.

생석회 자체로는 건축재료로 사용이 거의 불가능하며 소석회로 만들어야 건축재료로 사용할 수 있다. 요즘은 공장에서 소석회로 만들어 판매하고 있는데 실내에 사용하는 데에는 문제가 없으나 양성이나 외부 기단의 강회다짐에는 시중에서 판매되는 소석회 사용은 적합하지 않다. 이유는 생석회나 소석회의 회사별로 품질 등급의 차이가 있기 때문이다.

규모가 큰 공사의 경우 생석회는 괴로 된 경우 1주일, 과립형의 경우 5일, 분말

생석회 피우기

핀 생석회(소석회)

인 경우 3일 이상 나무통이나 흙구덩이에 넣고 물을 부어 피워야 한다. 물론 생석회의 양에 따라 피우는 일수를 가감할 수 있다. 규모가 작은 소규모 공사에서는 과립형의 경우 3일, 분말인 경우 1일 정도 피워도 된다.

생석회가 잘 피었는지는 충분한 물을 먹은 후 상온 정도로 식은 것이 확인되면 잘 피었다고 볼 수 있다. 더 이상 수화작용을 하지 않는 정도다.

생석회를 피우는 기간이 짧으면 피지 않은 덩어리가 나중에 들뜨거나 얼룩이 생기게 되므로 완전히 피우는 데 세심한 주의를 기울여야 한다. 종종 기와의 아귀토부분이나 벽체부분에 피지 않은 생석회 알갱이가 다시 피어 얼룩과 곰보현상이 생겨 하자가 발생한 것을 볼 수 있다.

생석회에 불순물(잡석)이 포함되면 모두 피지 않기도 하는데 이런 것을 귀머거리 강회(생석회)라고 하는데, 이럴 때는 피워진 소석회를 절구에 빻아서 체거름하여 사용하였다.

생석회에 물을 부어 피울 때 품질에 따라 다르지만 80℃까지 온도가 올라가고 품질이 좋고 생석회의 양이 많은 경우는 100℃ 이상 열이 올라가므로 화상이나 피어 나오는 김과 분진으로 인한 피해가 발생되지 않도록 해야 한다. 생석회를 피울 때는 얼굴을 멀리하고 물을 부어야 하며 수화작용이 시작되면 멀리 피해 있어야 한다.

많은 양의 생석회를 피우는 경우는 용기에 피울 수 없고 흙구덩이에서 피워야 하는데, 이때 생석회는 피면서 부피가 약 30~300% 상승하므로 생석회가 넘치지 않도록 구덩이를 깊이 파야 한다. 부피의 상승은 생석회의 품질과 보관 시 흡습 상태에 따라 큰 차이가 있다.

그리고 물을 붓기 시작하면 바로 수화작용을 하고 열이 발생하므로 물을 부을 때는 가장자리부터 서서히 들어가도록 하여야 하며 물을 생석회 무더기 중앙부 속으로 급하게 넣는 일이 없도록 해야 한다. 생석회 무더기 속으로 물을 급하게 공급하면 피지 않은 생석회 가루가 포막을 이루고 있는 상태에서 고열이 발생하여 화산이 폭발하듯 폭발하니까 조심해야 한다.

생석회는 회사별·등급별로 발열량과 품질에 많은 차이가 있으며 보관 시 대기에 노출되었던 생석회는 피울 때 수화열이 적고 피우기 전 부피가 이미 상승해 있다. 그러나 정상적으로 보관된 생석회는 양에 따라 다르지만 4~5톤을 한 번에 피울 경우 부글부글 끓어올라 엄청난 열을 내며 폭발할 수도 있다. 특히, 도심에서 생석회 피우기를 할 때는 수화작용 시 발생하는 분진을 차단하는 시설이 필요하므로 분말보다는 괴나 과립형 생석회를 써서 분진을 예방해야 한다. 또한, 많은 생석회를 한 번에 피울 경우 폭발과 분진으로 인한 위험 방지를 위하여 거적이나 멍석을 덮어야 한다. 요즘에는 거적이나 멍석을 구하기 어려워 비닐이나 천막을 덮기도 하는데 고열에 얼마 안 가서 녹기는 하지만 그래도 생석회 상부에 수막을 형성하여 분진 발생을 줄일 수는 있다.

생석회 피우는 가수량은 바름의 용도에 따라 적당량을 부어야 한다. 물을 많이 첨가하면 석회죽이 되어 체로 치는 데 어려움이 있으며 건비빔에 매우 불리하다. 시험 결과에 따르면 흙구덩이에서 생석회를 피울 때는 부피로 보통 생석회 : 물 = 1 : 1.5~3 비율로 하고 생석회 피우는 통에서는 생석회 : 물 = 1 : 2~3 비율이 적당한 것으로 나타났다. 만약 가수량이 너무 적으면 생석회 덩어리에 물이 스며들지 않아 잘 피지 않게 된다. 생석회 품질에 따라 물의 양이 가감되는데 품질이 좋은 생석회일수록 물의 양이 많이 필요하여 생석회 1 대 물 4의 비율로 해야 하는 경우도 있다.

(3) 풀 만들기

의궤에 의하면 풀은 통칭적으로 교말(膠末)이라고 하며 교미(膠米), 죽미(粥米), 진말(眞末), 당말(糖末) 등 여러 종류의 가루로 풀을 쑤어 사용하게 되는데 풀을 만드는 방법은 다음과 같다.

많은 양의 풀을 만들어야 하기 때문에 풀을 쑤고자 하는 양의 물을 먼저 끓인 후에 가루를 풀어 그 끓인 물에 넣어 주면 풀을 쑤는 노력이 절감되고 눌어붙지 않는다. 처음부터 가루와 물을 모두 희석하여 끓이면 눌어붙어 계속 저어야 하므로 많은 시간과 노력이 소모된다.

이렇게 쑨 풀은 용도에 맞게 물을 희석해서 사용해야 한다. 풀의 점성에 따라 물의 양을 가감하는 것은 장인들의 경험으로 해결되어야 할 문제다.

기본적으로 풀을 끓이는 비율은 양비로 하여 진말(眞末) 또는 교말(膠末) 1 대 물 6~7 비율로 하여 풀을 쑨 다음 풀 1 대 물 3~5의 비율로 희석하여 사용하면 된다.

끓이는 방법은 가루 1 대 물 2 정도로 하여 찬물에 미리 잘 저어 풀어놓고, 가루 1 대 물 4~5 정도 비율로 물을 먼저 펄펄 끓인 다음, 끓인 물에

교말, 찹쌀풀(膠末), 밀가루풀(眞末) 끓이기

풀어놓은 희석액을 넣으면 바로 가루 1 대 물 6~7 비율의 된 풀이 만들어진다.

이렇게 만들어진 된 풀을 3~5배 정도의 물을 희석하고 고운 체로 걸러서 사용하면 된다. 풀을 거르지 않으면 풀덩어리가 뭉치게 되고, 풀덩어리는 부패하고 얼룩이 생기기 쉬우므로 체거름하여 쓰는 것이 좋다.

(4) 해초풀 끓이기

반죽용 해초풀은 뿌리 및 줄기 등을 혼합하여 끓인 점성이 있는 액상으로, 불용해성분을 25% 이하로 해야 한다. 듬북 또는 은행초를 사용할 때는 건조된 상태에서 중량을 계량하여 1회 비빔분을 한 솥에 넣고 끓인다. 1회 비빔분을 여러 번 끓이게 되면 해초풀의 농도에 따라 배합비가 다르게 되며 정벌 회반죽바름에서는 벽체의 색깔이 해초풀을 끓인 솥마다 달라질 수 있기 때문이다.

해초풀은 5~6시간 정도 약한 불에 끓여야 줄거리가 풀어져 용해된다. 그러나 급하게 공사를 하여야 할 경우에는 1~2시간 정도 끓이면 점성이 생기므로 이러한 국물을 따라 사용해도 무방하다. 만약 끓일 때 물이 부족하면 찬물을 붓지 말고 끓인 물을 보충하면서 끓여야 줄기의 점액이 속히 추출된다.

해초풀 끓이기

해초풀이 부패하면 악취와 변색이 생긴다. 해초풀의 부패 방지를 위해서는 해초풀 위에 석회를 뿌려 주면 된다. 그리고 석회를 뿌린 해초풀을 사용할 때에는 뿌린 석회를 걷어 내고 사용해야 한다. 끓인 풀은 보통 2.5mm의 체로 걸러서 쓰며, 정벌의 경우는 1.7mm의 체로 걸러서 사용한다.

(5) 회반죽 바르기

회반죽 바르기는 《임원경제지》 섬용지에서 그 기록을 찾아볼 수 있다. 석회를 사용한 분장법(粉牆法)에 "서점에서 자르고 남은 면지(綿紙) 오지(傲紙)의 조각을 약간 가져와 물에 불려서 완전히 녹인 다음 석회 안에 섞는다. 찹쌀로 된죽을 끓여 석회 안에 찧어 넣는다. 이 잘게 썬 종이를 지근(紙筋)이라 부른다."라고 기록되어 있어 회반죽을 미장재료로 사용했음을 알 수 있다.

회반죽바름

회반죽을 바를 때는 생석회를 피운 소석회에 백모(白茅) 등의 여물을 섞고 2회 이상 건비빔한 후 해초풀로 짓이기며 개어 3mm 정도 두께로 바른다. 재벽바름 정도가 완전히 건조한 것보다 건조가 조금 덜 된 상태에서 정벌을 하는 것이 유리하다. 이것은 재벽과 정벌의 접착력과 작업성을 높이기 위한 방법이다. 그러나 재벽에 물기가 있는 상태에서 정벌을 하면 재벽에서 얼룩이 배어나와 정벌을 오염시킬 수 있고 정벌마감에 잔균열이 생길 수 있어 주의해야 한다.

회반죽에 사용하는 여물은 잘게 썰어서 잘 풀어지게 해야 하며, 잘게 썰어지지 않은 섬유질 여물은 여러 개의 가는 회초리로 두들겨 엉긴 것을 풀어서 섞어야 한다. 회초리로 여물을 두들겨 펴는 것을 현장에서는 "수사를 턴다."라고 한다.

기존 현장에서는 회반죽 바르기를 시꾸이(Shikkui, 漆食·漆喰)라고 하며, 시꾸이 작업 경험이 있느냐를 놓고 장인들의 기능도를 측정하기도 한다. 이러한 부분은

표 3-7 **회반죽바름 배합비**

공정	재료	시공개소	소석회(L)	해초(g)	여물(g)	바름 두께(mm)
정벌		벽체	20	600	500	3
정벌		앙토 및 고미반자	20	500	400	2~3

일본식 건축기술이나 용어 등 일제 잔재가 여전히 우리 건축현장에 남아 있다는 증거다.

(6) 회사벽바름

소석회에 마사토·모래·풀·여물을 섞어서 만든 재료로 바르는 것을 회사벽이라고 한다.

회사벽바름 시 석회죽을 만들어 쓰면 생석회 피우는 시간을 절약할 수 있고 덜 피어서 문제가 생기는 것도 예방할 수 있다. 석회죽을 만드는 방법은 생석회 부피의 4배 정도의 물을 부어서 2~3시간 두면 덩어리가 풀어지면서 석회죽이 되는데 이때 윗물은 따라 버린다. 이때 피지 않은 생석회 덩어리는 골라내야 한다. 생석회의 품질이 좋은 것을 사용해서 피지 않은 불순물이 없도록 하고 필요하면 체가름하여 써야 한다.

바름면에는 흙손 자국이 없게 면을 편평하게 쇠흙손 마감을 하여 인방으로부터 1~3mm 정도 두께만큼 들어가게 바르는 것이 좋다. 쇠흙손 마감 시 물 걷힘을 보아 가면서 마감 흙손질을 하지만 건조하여 굳은 상태에서는 되도록 흙손질을 삼가는 것이 좋다. 굳어 가는 상태에서 흙손질을 하게 되면 흙손질 방향으로 밀림현상이 발생하여 흙손 균열이 발생하기도 하므로 흙손에 붙어 밀리지 않게 해야 한다. 정벌면이 굳은 다음 쇠흙손질을 하면 쇠에서 묻어 나오는 검은 자국이 없어지지 않고 마감면에 남아 있어 면이 지저분하게 된다.

또한, 목재에 회반죽이 묻지 않도록 세심한 주의를 기울여 회사벽마감을 해야 한

표 3-8 의궤에 기록된 세사와 석회의 배합 비율

산릉도감의궤	연도	세사(細沙)	석회(石灰)	영건의궤	연도	세사(細沙)	석회(石灰)
인경왕후산릉	1680		5말	남별전중건청	1677	15말	
경종의릉산릉	1725	20말	5말				
선의왕후의릉	1730	15말	15말	화성성역	1799		10말, 6말
인빈상시봉원	1755		15말				
사도세자묘소	1762	15말		현사궁별묘	1824		전섬
정순왕후원릉	1805	15말	15말				
익종수릉산릉	1846	15말	15말				
수빈휘경원천봉원소도감	1864	15말	15말	종묘영녕전	1836		전섬
명성왕후홍릉	1897		15말				

회사벽마감 1 　　　　　　　　　　　　　　회사벽마감 2

표 3-9 회사벽 배합비 및 두께

바름층	배합비		여물(g)	해초(g)	바름 두께(mm)
	소석회(L)	모래(L)			
정벌	4	4~12	200	약 600	4~6

다. 벽면에 작은 얼룩이나 흠이 있으면 덧칠하여 마감하면 된다는 생각을 가지고 주의하지 않고 작업하는 경우가 많은데, 회사벽의 경우 마감이므로 주변 벽체와 이색이 생기므로 주의해야 한다. 작은 흠 하나 때문에 한 벽면 또는 건물 전체에 대해 새로 회칠이나 마감을 하는 경우도 있으므로 주의해야 한다.

목재에 석회분이 묻은 경우는 털어 내듯 깨끗하게 닦아 내어 목재가 오염되거나 변질되지 않도록 주의해야 한다. 특히, 회가 묻은 목재에 물솔질을 하여 닦아 내면 얼룩이 목재에 심하게 남게 되므로 물솔질을 하지 않도록 한다.

특히, 목재에 칠마감을 하고 회반죽이나 회사벽마감을 할 경우는 주의를 많이 해야 한다. 석회와 반응하여 탈색이 되거나 오염물 흔적이 남게 되어 문제가 발생될 수 있기 때문이다. 이러한 문제 예방을 위하여 보양작업을 하고 작업하는 것이 좋다.

회사벽 배합비

의궤를 보면 세사와 석회 배합을 할 때 배합량이 일정하지 않았다는 것을 알 수 있다. 인경왕후산릉, 인빈상시봉원, 명성왕후홍릉, 화성성역, 현사궁별묘, 종묘영녕전의 경우 세사 사용 기록은 없고 석회만 사용한 것으로 되어 있다. 대부분 산릉도감의궤이므로 세사 없이 사용했을 가능성이 있다고 판단된다. 경종의

표 3-10 재사벽 및 새벽 바름의 배합비

공정 　　　　재료	진흙(L)	석회(kg)	모래(L)	풀(g)	비고
재사벽	1	2	3	70	삼화토
새벽(사벽)	1		3	70	

릉산릉이나 선의왕후의릉, 정순왕후원릉, 익종수릉산릉, 수빈휘경원천봉원소도 감에서 보면 세사와 석회가 사용되었는데 비율은 각각 달라 세사 15말에 석회 15 말 1:1 비율로 사용한 사례가 많고 4:1 비율 배합 사례도 있다.

(7) 재사벽(再砂壁)바름

재사벽은 보통 재벌과 같은 뜻으로, 재벌바름 없이 초벌바름 후 재벌 겸 정벌을 한다. 재벌, 재벽, 재사벽 다 같은 뜻이지만 재벌 없이 마감을 한다는 뜻에서는 공정상 정벌이다. 재사벽은 진흙·석회·모래·해초풀을 반죽한 것이고, 여기에서 석회를 빼고 반죽한 것을 새벽(사벽)이라고 한다. 재사벽 및 새벽의 마감 두께는 정벌의 경우 3~5mm를 표준으로 하지만 문화재 보수 또는 보존을 목적으로 작업할 때는 이러한 규정보다는 기존의 상태를 면밀히 조사하여 두었다가 원래대로 작업해야 할 것이다. 재사벽은 진흙·석회·모래가 들어가므로, 삼화토(三和土)와 같다고 보면 된다. 재사벽 및 새벽의 재료 배합은 [표 3-10]을 표준으로 한다.

(8) 회백토 및 백토 바름

회백토바름

회백토 반죽은 소석회나 핀 석회에 모래 대신 백토와 여물을 배합한 것을 말한다. 마감을 순백색에 가깝게 하거나, 백토에 석회를 섞어서 내수성을 좋게 하고 강도를 높일 수 있으며, 필요에 따라 모래나 마사토를 배합할 수 있다.

석회죽이 아니고 생석회를 피워 건비빔하여 사용할 경우 생석회는 1주일 정도 피워서 사용하고 건비빔 3회 이상, 물비빔 2회 이상 하는 것을 표준으로 한다. 이때 배합이 골고루 되지 않으면 얼룩이 발생하기 쉬우므로 육안으로 배합 상태를 확인하여 덜 섞인 부분이 없도록 주의해야 한다.

석회죽을 만들 때는 물이 새지 않는 궤를 만들거나 커다란 비빔통에 생석회를 넣고 약 4배의 물을 부어 2~3시간 정도 두어 생석회 덩어리가 모두 풀어져 석회죽이 되었는지 확인한 후 윗물을 따라 버리고 백토를 넣어 반죽한다.

벽체의 백토마감

천장의 백토마감

백토바름

백토바름은 백토에 마사토나 모래·풀·여물을 배합하여 바른다. 백토 자체가 분말도가 높은 경우 모래나 마사토를 섞지만 분말도가 낮으면 모래나 마사토를 섞지 않아도 된다.

일반 흙 종류와 황토 등은 심미적 취향에 따라 선호가 다르기 때문에 백색마감이 필요한 경우 백토를 바르면 좋다. 외벽은 겉옷과 같은 구실을 하는 것으로서 투박하고 단단한 반면, 내벽은 부드러운 속옷을 입는다고 생각하면 될 것이다. 그리고 백토는 부드러운 옷감에 비유할 수 있다.

의궤에 따르면 궁궐 벽체에 백토를 사용하였던 것으로 보아 고급 미장재료로 사용되었다고 볼 수 있다. 벽체에 도배를 하거나 다른 마감을 하지 않고 사용하는 곳에는 백토를 발랐는데 요즘은 석회나 백시멘트, 핸디코트, 줄눈모르타르를 발라 백토바름으로 오인하게 하는 곳이 있다.

마감으로 백토물로 맥질을 하면 옥색 마감의 은은함을 더할 수 있어 심리적 안정감을 줄 수 있는 공법이다.

회사벽과 회백토 바름의 배합비는 [표 3-11]과 같다.

표 3-11 **회백토 및 백토 반죽**

종별 \ 재료	회백토반죽					백토반죽			
	석회	백토	마사·모래	여물	풀	백토	마사·모래	여물	풀
1종	1	1	1~3	적당량	적당량	1	0~2	적당량	적당량

(9) 사벽마감

사벽은 흙에 세사 또는 마사토만을 바르거나, 여기에 풀이나 여물을 섞어 반죽하여 바르는 것을 말한다.

> 노랗고 가는 모래 중 점착력이 있는 것을 취해서 마분과 섞어 반죽한 다음 붉은 찰흙 위에 얇게 발라서 갈라진 틈을 덮어 메우고 평탄하지 못한 부분을 평탄하게 만드는데, 세상에서는 이를 사벽(沙壁)이라 부른다.
> ─ 서유구, 《임원경제지》, 안대희 엮음, 《산수간에 집을 짓고》, p. 304.

일반적으로 사벽은 흙에 모래나 마사토를 섞어 바른 것을 말하지만, 백토와 모래를 포함한 황토와 모래 또는 마사토를 배합한 것도 사벽이다. 사례를 보면 다산 정약용 선생의 생가에도 황토에 마사를 섞어서 바른 사벽 마무리를 하였다.

흙마감의 경우는 흙을 선택할 때 규사의 조립 상태를 파악하여 균열 발생의 정도를 미리 시험을 해보는 것이 좋다. 흙·마사토 또는 모래에 여물·풀을 사용하면 되는데, 흙의 규사 조립률에 따라 적정 배합비가 다르기 때문이다. 어떤 흙은 흙 1 대 모래나 마사토 1 비율이 적당한 경우도 있고, 흙 1에 모래나 마사토 5 정도의 비율로 하여야 하는 경우도 있으므로 미리 시험을 해보는 것이 좋을 것이다.

기록에 따르면 평섬은 90L 15말이고, 전섬이 120L 20말이면 한 말은 6L 정도다. 이는 오늘날 18.039L 한 말보다 적은 양이라는 것을 알 수 있다. 영건의궤에 평섬인지 전섬인지는 표시되어 있지 않고, 시대별·공사별·지역별로도 도량이 다르다. 여기서 세사와 백와는 부피 단위이기 때문에 같은 양으로 도량하면 문제가

새벽 · 사벽마감

재사벽마감

표 3-12 영건의궤에 기록된 사벽·앙벽재료의 배합

의궤 목록	연도	종류	세사(細沙)	휴지(休紙)	교말(膠末)	백와(白瓦)	진말(眞末)
창경궁수리소의궤		사벽(沙壁)	476섬	51근 6량 4전	2섬12말5되	190섬	
		사벽(沙壁)	25태	21근 12량 5전	32말	8태	
		사벽(沙壁)	입량(入量)	90근		입량(入量)	49말
		사벽(沙壁)	입량(入量)	24근 11량		입량(入量)	35말
창덕궁창경궁 수리도감의궤	1652	사벽(沙壁)	30태			15태	
창덕궁만수전 수리도감의궤	1657	사벽(沙壁)					7섬 1말 7되
		사벽(沙壁)		7근 2량			
		사벽(沙壁)		17근 4량			5섬
영녕전수개도감의궤	1667	앙사벽(仰沙壁)	2섬	교말 1말당 3량	3되	1섬	
		사벽(沙壁)	1섬반	교말 1말당 3량	2되	반섬	
		사벽(沙壁)	1섬반	교말 1말당 3량	2되	반섬	
		갑벽(甲壁)	1섬반		2되	반섬	
		앙사벽(仰砂壁)	2섬		3되	반섬	
		앙사벽(仰砂壁)	2섬		2되	반섬	
		갑벽(甲壁)	1섬	교말 1말당 3량	2되	반섬	
		사벽(沙壁)	1섬			반섬	
		사벽(沙壁)	1섬	교말 1말당 3량	2되	반반섬	
남별전중건청의궤	1677	사벽(砂壁)	60태	매섬 3량 22근 8량	매섬 1되 5합 1섬 3말	20태	
종묘개수도감의궤	1726	사벽(砂壁)	2섬	3량	매섬 3되	1섬	
		앙사벽(仰砂壁)	2섬	3량	매섬 3되	1섬	
		사벽(砂壁)	2섬	3량	매섬 3되	1섬	
		갑벽(甲壁)	2섬	3량	매섬 3되	1섬	
		전단벽(全單壁)	2섬	3량	매섬 3되	1섬	
종묘영녕전증수도감의궤	1836	세사(細沙)		70근	39말		

없다. 그러나 휴지는 무게 단위로 되어 있기 때문에 보정하여 적용해야 한다.

[표 3-13]의 영녕전수개도감의궤에 따르면 앙사벽의 경우 현재 도량으로 세사 10말에 휴지는 약 0.9량(34g), 교말 약 1되, 백와(진흙)는 약 5말을 넣으면 된다. 여

표 3-13 앙사벽 및 사벽 배합비 보정표

구분	시대별	세사	휴지	교말	백와	비고
앙사벽	영녕전수개도감의궤	2섬(30말) 180L	교말 1말당 3량	3되	1섬	*광무 9년(1905년) 이전: 1섬은 15말, 1말은 약 6L *광무 9년(1905년)~현재: 1섬은 180L 열말, 1말은 18L, 1되는 1.8L
	보정 후 현재 도량	10말(180L)	실사용량 0.9량 (약 34g)	1되	5말	
사벽	영녕전수개도감의궤	1섬반 22.5말 135L	교말 1말당 3량	2되	반섬	
	보정 후 현재 도량	7.5말 135L	실사용량 약 0.63량 (약 24g)	약 0.7되	약 2.5말	
앙사벽, 사벽 (비율이 같음)	종묘개수도감의궤	2섬(40말) (240L)	3량	매섬 3되 합 6되	1섬	
		약 13.3말(240L)	3량(113g)	합 2되	6.7말	
	보정 후 현재 도량	10말	85g	1.5되	5말	세사 10말일 때 배합비이며, 세사와 백와의 배합비는 2:1이다.

기서 세사와 백와(진흙)의 비율은 2:1이라는 것을 알 수 있다.

사벽의 경우 현재 도량으로 세사 7.5말에 휴지 약 0.63량(24g), 교말은 약 0.7되, 백와는 약 2.5말이므로 세사와 백와(진흙)의 비율이 3:1로 앙사벽에는 백와(진흙)가 더 들어간다는 것을 알 수 있다.

종묘개수도감의궤에 따르면 세사와 백와 비율이 2:1이며, 휴지의 사용량이 영녕전수개도감의궤보다 2~2.5배 많았음을 알 수 있다.

(10) 솔(맥질) 마무리

황토나 백토를 우선 곱게 체거름하고 물에 풀어 모래는 가라앉히고 위에 뜬 황토나 백토물만 따라 모았다 가라앉히는 작업을 여러 번 하여 얻은 황토, 백토 앙금을 사용한다. 이렇게 하는 작업을 '수비'라고 한다.

흙에 물만 섞어서 하는 물반죽 마무리가 있고, 풀을 섞어 반죽하여 물반죽 바르기와 같은 방법으로 하는 경우가 있다. 풀을 섞어 바르는 것을 풀반죽 흙마무리라고 하며, 이런 작업들을 맥질(매흙질)이라 한다. 흙작업의 정벌마감 후 원하는 색감을 내고 흙 부스러기가 떨어지는 것을 예방할 수 있으며, 벽쌤홈 안으로

맥질용 흙물 만들기

백토 맥질

미장재료가 잘 들어가도록 하여 미장재료와 목재의 접합부의 틈이나 흙의 건조·수축 과정에서 생기는 작은 균열을 메우는 효과가 있다.

맥질은 아궁이에 불을 땔 때 후에 생기는 그을음이나 오염되었을 때 하는 것인데, 현대건축에서 페인트 작업과 같은 것이며 사람 얼굴에 분을 발라 치장하는 것과 같이 볼 수 있다. 맥질하는 연장은 볏짚 상부의 부드러운 부분을 묶어 솔 모양을 만들거나 지심이풀을 묶어 긴 자루를 만들어 쓰며, 미장솔을 이용하여 벽면에 문질러 가면서 맥질을 한다. 문질러 가면서 맥질을 해야 하는 이유는 일반 페인트처럼 하면 부착력이 떨어지므로 벽면에 약간의 힘을 주어 눌러 문질러 가면서 하는 것이다.

정벌바름을 할 때 흙손에서 묻은 얼룩이나 전체의 색을 같게 할 경우는 맥질을 하여 색상을 맞추는 방법으로 이 공법이 좋다.

곡물가루 1에 물 6 정도의 비율로 희석하여 쑨 풀에 3~4배의 물을 희석하여 풀물을 만들고 흙가루를 고운 체로 쳐서 풀물에 풀은 후 잘 저어 고운 체로 걸러 사용해도 된다.

맥질할 때 풀을 많이 쓰면 맥질 후 마른 색이 어두워 보이거나 얼룩이 생기고, 풀이 없거나 적으면 흙가루가 날리므로 풀의 농도를 적절히 해야 한다. 공정상 맥질을 하면 마감이 되는 것이므로 목재 등 인접된 부재를 오염시키지 않도록 주의해야 한다.

(11) 회칠

회사벽이나 회반죽마감을 하면서 뒷마무리할 때 쇠흙손의 때가 묻거나 마감이 잘 안 된 경우, 주변 작업으로 인하여 오염 또는 파손된 경우, 세월이 지나서 벽면이 오염된 경우는 보수를 하여도 얼룩이 생긴다.

특히, 전통미장에 경험이 없이 현대미장을 하였던 사람들이 습관적으로 흙손질을 추가로 하거나 나무흙손질 또는 물솔질을 하면서 마감하는 경우에 표면이 거칠게 되거나 얼룩이 생기게 된다.

물솔질의 경우 처음에는 회바름면의 상태가 좋아 보이지만 기경성 재료로서 말라 가면서 회사벽의 경우는 모래알이 돌출되어 표면이 거칠어지면서 미장면의 품질이 좋지 않게 된다.

시멘트미장에서는 미장면을 그대로 사용하지 않고 이차 마감을 하므로 평활도는 중요하게 생각해도 색상이나 질감에 대하여는 중요하게 생각하지 않는다. 그러나 전통미장에서는 바름 그 자체로 두기 때문에 마감에 주의를 기울이지 않으면 안 된다. 또한, 전통 한식미장에서는 나무흙손을 특별한 경우가 아니면 사용하지 않고 마감하는 것이 부착력이나 표면의 품질이 좋다. 표면을 고르기 위하여 나무흙손질을 하면 쇠흙손질로 붙어 있던 재료의 분리현상이 생겨 박락된다.

이러한 원인들로 회벽이 오염되었을 때 회칠을 하여 벽면을 마감하면 되는데 공법은 맥질과 같이 하면 된다. 이때 주의해야 할 것은 색상 문제인데 집 전체를 회칠하는 경우는 문제가 없지만 일부만 회칠을 할 때는 색상에 주의해야 한다. 특히, 처음에 사용했던 재료 그대로 사용해야 이색이 되거나 얼룩이 생기지 않는다. 석회를 생산한 회사, 등급, 모래, 마사토의 품질에 따라 색이 달라지기 때문이다.

회칠 재료를 만들기 위해서는 처음에 사용했던 재료와 같이 배합하는 것이 중요하다. 모래나 마사토 비율에 소석회를 섞어 묽은 반죽을 한 다음 고운 천에 거르거나 윗물을 따라 내고 발라 주면 되는데 이때에도 주변이 오염되지 않도록 보양 등 조치를 해야 한다.

회물을 만들어 붓으로 표면에 페인트 작업하는 방법과 같이 발라 주면 되는데 전통미장에서는 단순히 흙손질이나 붓질만 잘하면 되는 것이 아니고 재료의 물성을 이해하고 오랜 경험을 쌓는 것이 매우 중요하다.

회칠은 젖은 상태에서는 회색을 띠며 건조되면서 흰색으로 바뀌므로 원하는 색은 건조된 상태의 것을 선택해야 한다. 마무리 색상에 대한 자신이 없으면 견본시공을 해보고 전체 회칠을 하는 것이 좋다.

회칠을 하면 마치 페인트 작업을 한 것 같지만 그 질감과 느낌은 백색 페인트나 백시멘트를 사용한 것보다 은은하여 전통의 멋을 느낄 수 있고 내구성도 훨씬 길다.

회칠작업하는 모습

회칠을 한 벽

(12) 벽체미장 균열에 대한 문제

미장면의 균열 원인으로는 반죽의 질기, 주재료인 고결재의 분말도, 바탕면 불량으로 인한 부착불량, 건조 시 기후 조건 등이 있다. 이러한 원인을 해소함으로써 미장면의 균열을 예방할 수 있다.

반죽의 질기에 의한 균열은 습식공사에서 일반적으로 나타나는 현상으로, 반죽의 질기가 질면 수축·균열이 심하고 처짐현상이 생기므로 균열 발생의 원인이 된다. 이러한 문제를 해결하기 위해선 적절한 질기로 반죽해야 한다. 이때 작업성이 불량할 수 있으므로 작업에 문제가 없는 범위에서 적절히 반죽해야 한다.

그리고 고결재인 흙의 분말도나 석회의 분말도가 높으면 균열 발생률이 높다. 이러한 현상은 시멘트에서도 같은 현상으로 나타난다. 고결재의 화학적 물성 또는 분말도가 높아 균열이 발생될 때 보완해 주는 것이 결합재인데, 모래·여물·풀 등을 사용한다.

분말도의 차이는 자연재료인 흙에서 많이 나타나므로 흙의 분말도를 측정해 보고 모래양의 가감 정도를 결정해야 한다. 이때 모래를 많이 넣으면 균열 예방은 가능하나 강도 부족으로 미장면이 부스러질 정도로 약해지게 된다. 약한 균열이 생기면 흙손으로 눌러 주어 균열을 잡을 수 있을 정도의 비율이면 좋다.

기타 여물이나 풀은 이미 설명한 비율로 배합하면 균열 예방에 도움이 된다.

또 다른 원인으로는 바탕면이 거칠게 되지 않아 부착력 부족으로 박리·균열이 생기기 쉬우므로 바탕면은 초벌·재벌 모두 거칠게 해 두고 다음 바름 공정을 진행하면 하자를 줄일 수 있다.

건조할 때의 기후 역시 균열 발생의 원인이 되는데 자연환경을 역행하면서 작업하기는 현실적으로 어렵기 때문에 작업자가 기후 조건에 잘 적응될 수 있는 재료의 배합이나 작업 방법을 적용해야 한다.

_4 당골벽(단골벽, 당곡벽, 연골벽)

01. 개요

당골벽은 도리 위 서까래와 서까래(연목) 사이의 틈새를 막은 벽을 말하며, 연골벽과 같은 말이다. 당골벽은 지붕공사 마감 후 건물이 자리를 잡은 후 작업을 하는 것이 좋다. 집이 자리를 잡기 전에 당골벽을 시공할 경우 지붕에서 오는 압축력이나 부동으로 인하여 당골벽이 균열 또는 탈락할 우려가 있기 때문이다. 특히, 건물이 자리 잡기 전에 하면 압축력에 의하여 초벽과 재벌·정벌이 분리되어 박락의 원인이 된다.

당골살이 없어 탈락한 당골벽

현대식 못 당골살

나무못(木釘) 당골살

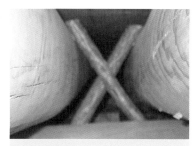

X자형 당골살

연목에 휘감기한 당골살 1

연목에 휘감기한 당골살 2

당골살 설치 상태

02. 당골살 넣기

서까래가 굵어 당골벽의 춤이 높고 넓을 때는 여물과 흙덩이만으로는 당골막기가 곤란하므로 당골에 살을 넣어 당골벽의 탈락으로 인한 하자를 예방해야 한다.

당골살 넣기 작업은 연목을 걸고 다음 공정이 진행되기 전에 하는 것이 좋다. 개판 설치나 산자엮기, 알매흙 올리기, 번와작업을 끝내고 당골에 살을 넣으려면 매우 어렵고 품질도 좋지 않다. 다만, 나무못을 사용하여 개판이나 산자 위에서 내리꽂아 살을 넣는 경우는 개판 설치와 산자엮기 후에 작업하는 것이 좋다.

보통은 목구조공사가 끝난 다음 미장공사를 시작하기 때문에 당골살작업의 기회를 놓치는 경우가 많으므로 건축주나 공사 책임자는 공사 진행 중에 이러한 부분을 잘 살펴 중간에 작업하도록 해야 할 것이다.

문화재 건축물이 아닌 경우에는 못으로 당골살을 만들기도 하지만, 문화재일 경우는 창건 때 시공하였던 방법대로 시공해야 한다. 그러나 아쉽게도 창건 당시에 불합리한 방법으로 시공한 곳을 볼 수 있는데 당골에 살이나 흙이 없이 와편이나 돌을 쌓아 당골을 막은 곳이 있어 아쉬움을 남게 한다.

당골에 살을 대는 방법은 X자로 대는 방법과 개판이나 산자 위에서 개판에 구멍을 뚫고 나무못(木釘, 연침과 같은 것)을 도리에 내리꽂아 넣는 방법, 대나무·물푸레나무 또는 싸리나무 등 잘 휘는 나무로 연목을 휘감아 대거나 대정(대못)을 이용하여 살을 대는 방법 등이 있다.

X자 형태로 당골에 살을 대는 경우는 연목의 굵기에 따라 다르지만 보통은 20~30Ø 잡장목이나 각재를 이용하여 도리와 연목 사이에 빗깎아 넣고 윗부분에는 산자대 틈에 끼워 고정하거나 못을 박아 고정한다.

상부에서 나무못을 박아 살을 설치하는 경우는 개판을 깔고 개판을 도리 방향으로 내리 뚫으면서 도리 상부에도 나무못이 박힐 정도로 뚫어 나무못을 박아 살을 설치한다. 이때 당골의 크기에 따라 직각이나 대각선 방향으로 뚫는 것을 선택하여 할 수 있다. 나무못(木釘)은 싸리와 같이 단단한 나무를 사용하면 좋다.

당골살을 연목에 휘감아 설치하는 경우는 물푸레나무나 싸리나무와 같이 질기면서 잘 휘어지는 나무를 사용해야 한다. 연목과 도리 연결부분에서 연목 아래를 ⌣ 모양으로 휘감아 옆에 있는 연목에 걸치면 되고 산자대가 잡아 주면 움직이지 않는다. 이것은 못을 사용하지 않는 간단하면서 견고한 살대기 방법인데, 창경궁 연경당이 대표적 사례다.

03. 토소란 설치

당골벽 미장에서 항상 문제가 되는 것은 굴도리부분의 당골벽 탈락 문제다. 당골벽의 굴도리부분이 탈락하거나 벌어진 모습은 매우 흉하고 위험하기도 하다. 이러한 당골벽 탈락 예방과 안정감을 주기 위하여 굴도리 상부, 당골벽 미장 하부에 토소란을 설치한다.

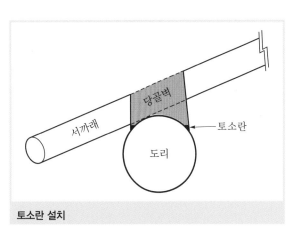

토소란 설치

당골벽에 설치한 토소란

토소란은 과거에는 품격이 있는 건축물에 설치하였으며 대표적 사례로 창덕궁, 숭례문을 들 수 있다. 최근에는 토소란을 설치한 신축 한옥을 종종 볼 수 있다.

04. 당골벽의 초벌작업

전통미장의 흙작업은 장마철이나 혹한기를 피해서 하는 것이 좋은데, 특히 당골벽작업은 장마철에 해서는 안 된다.

장마철에는 온도와 습도가 높아 통풍이 잘 안 되는 당골이 연목을 부패시켜 서까래가 부러진 경우가 있으므로 가능한 한 봄과 가을에 작업하도록 하는 것이 좋다.

장마철에 통풍이 잘 안 되는 곳에 작업을 하면 부패균이 발생하고 부패가 계속 진행되어 외관상 멀쩡한 처마가 연목부분이 부러져 내려앉을 수도 있기 때문이다.

초벌을 한 당골벽

지금까지는 당골벽을 수직으로 바르거나, 각을 주어 바르거나, 어떤 기준이 없이 작업자마다 또는 작업환경에 따라 다르게 작업을 하였다. 너무 깊게 바르거나 넘어질 정도로 상부가 나오도록 바르는 등 제각각이었다.

이와 같이 기준이 없는 것을 전통기법이라고 하기는 어렵다. 따라서 당골벽을 바를 때 다음과 같이 작업하는 것을 표준으로 하면 될 것이다.

굴도리의 경우는 바깥 면에서 볼 때 도리가 작은 경우 1~2cm, 굵은 경우 3~4cm 정도 들어가서 수직으로 바르고 안쪽에서는 10~15° 정도 도리 중심 방향으로 기울게 사다리 모양으로 바르는 것이 좋다. 바깥쪽에서는 서까래가 내려와 수직으로 발라도 안정감이 있어 보이고, 또 당골벽의 두께도 확보할 수 있으며, 당골벽 아래 도리부분의 미장면이 얇아 탈락되는 것을 예방할 수 있다. 특히, 굴도리의 경우 굴도리면의 탈락 예방을 위하여 옆면 도리에 붙여 바르는 형태로 하면 안 되며 상부에 얹히는

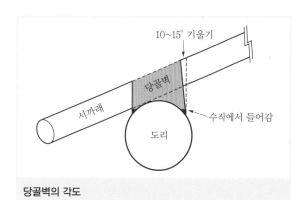

당골벽의 각도

모양으로 해야 한다.

안쪽 면의 경우는 수직으로 바르면 당골벽이 바깥보다 높고 착시현상으로 당골벽이 넘어오는 것처럼 보여 매우 불안정하다. 당골벽의 안정감을 위하여 안쪽은 기울게 바른다.

출목부분의 서까래 연결부분과 종도리부분에 서까래 마구리를 너무 많이 내밀어 당골벽 작업 시 마구리부분이 넘어오게 되는 경우가 있는데 목수일을 할 때 이런 부분에 세심한 주의가 요구된다.

납도리의 경우 바깥 면에서 1mm 정도 안에서 수직으로 바르면 좋고, 안쪽에서는 1mm 정도 안에서 도리 중심 방향으로 굴도리와 같이 10~15° 정도 각을 준다. 납도리의 경우 도리면에서 1mm 정도 들어가서 마무리하면 아래쪽에서 보아 재료가 분리된 틈서리가 가려져 안정감을 준다.

당골벽 초벌 때 이미 어느 정도의 각을 잡아야 하고 흙손으로 면고르기를 하고 면을 거칠게 긁어 주어야 재벌 때 접착력이 좋다. 서까래의 굵기에 따라 공사 방법이 달라지지만 보통은 진흙반죽에 짚여물을 넣어 된 반죽을 한 흙덩어리를 빡빡하게 밀어 넣어 초벽을 하고 일반 벽체와 같은 공정으로 마감하는 것이 좋다. 당골 초벽용 흙반죽에는 흙 5~6 대 석회 1에 볏짚을 적당히 넣으면 반죽이 안정적이어서 균열이 적고 재벽이나 정벌의 박락현상을 막을 수 있다. 그러나 재벽이나 정벌 때 흙마감을 하는 경우는 초벽 때 석회를 넣지 않아도 된다. 반죽이 질면 건조 과정에서 건조·수축이 많아 균열 발생이 많아지게 되므로 반죽은 된 반죽으로 하여 흙덩어리가 처지지 않게 하여야 한다.

지붕공사 전에 당골에 흙 채움을 한 모습

작업의 편리성을 위하여 서까래를 걸고 지붕 개판이나 산자를 엮기 전에 당골에 초벽 흙을 넣는 경우가 있는데, 이때는 지붕공사 등으로 인하여 당골살이 움직이거나 초벽 흙이 움직이지 않도록 해야 한다. 초벽 흙의 양 조절을 적절히 하여 지붕에서 오는 압축력을 직접 받지 않도록 해야 하며, 재벌이나 정벌은 지붕공사 마감 후에 하여야 한다. 이 공법은 문화재 건축물에 간혹 적용되었고, 현재도 가끔 사용하는 공법이므로 기법에 대한 설명은 하였지만 품질이 보장되지 못하는 공법이다.

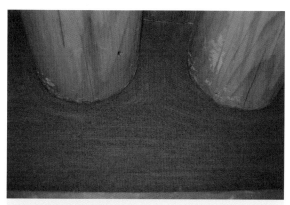
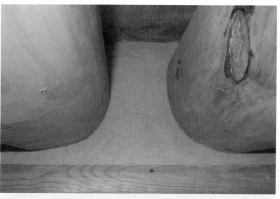

황토로 재벌바름한 당골벽   회사벽으로 재벌바름한 당골벽

05. 당골벽의 재벌

당골벽의 재벌은 초벌이 완전히 건조된 후 작업하는 것이 좋다. 건조·수축이 충분히 일어난 상태에서 작업을 해야 정벌마감 후 발생되는 균열을 막을 수 있기 때문이다.

요즘에는 당골벽의 바름에 시멘트를 섞는 것이 보편화되어 있어 건조 후에 작업한다는 내용에 공감하지 않는 사람이 많다. 시멘트를 섞으면 시멘트의 성질상 10시간 정도이면 굳기가 끝나므로 당골벽 초벌의 두께와 상관없이 건조기간을 주지 않아도 이어서 작업이 가능하므로 건조에 대한 관심이 없어진 것이다.

그러나 전통미장에서는 당골벽의 초벌 자체가 두껍고 흙양이 많으므로 충분히 건조시키지 않으면 재벌이 탈락할 위험이 있다. 당골벽의 재벌은 석회 1 대 마사토(또는 진흙) 2~3에 여물은 짚여물 1치 정도를 미리 숙성시킨 것(1~3일 정도) 또는 삼여물 적당량을 사용하면 좋다. 초벽 때 거칠게 하면서 튀어나온 부분이 있으면 흙손으로 긁어 손질을 하고 거친 빗자루나 철선솔로 거칠게 해 두는 것이 좋다. 그리고 초벌바름에서 생긴 균열은 재벌에서 완전하게 잡아야 한다는 목표로 작업해야 한다. 이때도 정벌을 위하여 거칠게 긁어 주어야 한다.

06. 당골벽의 정벌

당골벽의 정벌은 흙마감, 회반죽마감, 화사벽마감, 재사벽마감 등 필요에 따라 재료의 선택과 시공방법이 달라질 수 있다. 공통적인 것은 박락으로 인한 하자, 재료 건조 과정에서의 균열, 요구하는 색상 미비 등을 생각하여 미리 주의해서 작업을 해야 한다는 것이다. 그 외에 정벌마감 방법은 벽체 정벌 바르기 공법에 따르면 된다.

당골벽의 정벌바름은 초벌과 재벌 바름한 것이 완전히 건조되어 더 이상의 수축·균열이 없는 것이 좋다. 초벌과 재벌이 건조되지 않으면 내부의 당골 흙이 수축·건조하면서 정벌과 박리현상이 생기거나 균열이 생기기 쉽기 때문이다. 이러한 현상은 당골벽이 두껍기 때문에 흙의 수축·균열이 크기 때문이다.

당골벽의 바름에서 굴도리의 경우 굴도리면의 탈락 예방을 위하여 얇게 미장된 아래 끝부분은 흙손으로 치켜 올리며 눌러 주어야 한다. 또 당골벽의 바름에서 도리와 산방 연결부분의 산방을 약간 묻어 작업을 하여야 하는데 이때에는 산방 끝부분에 못을 박아 미장재료가 탈락되지 않도록 해야 한다.

산방부분의 마감 각도는 면을 둥글게 하여 전통건축의 부드러운 맛이 살아 있도록 해야 하며 [사진-당골벽 산방부분의 각도]와 같이 각을 세우는 것은 좋지 않다.

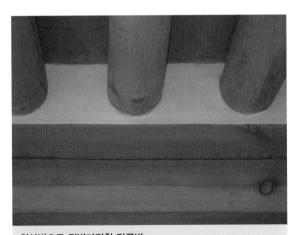
회사벽으로 정벌마감한 당골벽

사벽으로 정벌마감한 당골벽

당골벽 산방부분의 각도

당골작업하는 모습(상원사 영산전)

_5 합각벽

합각벽은 팔작지붕 용마루 밑으로 생기는 삼각형의 벽을 가리킨다. 다시 말해 용마루에서 추녀마루로 이어지는 내림마루 구조로 되는데 양쪽의 내림마루를 이등변 빗변으로 하는 삼각형을 치장하여 막는 것을 합각벽이라고 한다.

합각벽 미장작업은 구조적으로 안전하도록 특별히 신경을 써야 한다. 목재 등 이질재료들이 만나는 부분이 많고 건물의 자리 잡음으로 인하여 같이 변형되거나 탈락되는 경우도 있기 때문이다.

벽체처럼 중깃을 넣고 외를 엮어 시공하는 방법과 조적 형태로 벽돌을 쌓거나 와편을 쌓아 합각벽 시공을 하는 경우가 있는데, 특히 조적 형태로 시공할 때 접합부 분리나 균열 예방을 위하여 구조적으로 안전하도록 작업해야 한다.

합각벽 시공에 있어서 중요한 것은 빗물 유입 등 방수에 주의하여 시공해야 한다는 것이다. 박공처마의 길이가 짧은 경우 직접 합각벽면에 비가 들이치기 때문에 재료 분리로 인한 틈이 생기지 않도록 하여야 한다. 이때 쌓거나 바르는 미장재료를 흙만으로 하지 말고 조적용은 석회 1 대 흙 1 대 마사·모래 1~2 정도로 하고, 미장은 석회 1 대 마사·모래 1~2로 하여 작업하도록 해야 한다. 필요한 경우 흙을 섞어 색을 조절할 수 있다. 석회의 양을 많이 넣어 부배합할 경우 균열이 발생할 수 있으므로 물 걷힘을 보아 흙손으로 눌러 주어 방수성을 높인다.

합각벽은 얼른 보기에 그저 공간을 메우는 정도의 벽으로 생각하기 쉽지만 커다란 상징성과 이상형적인 의미를 두고 공을 들여서 시공하기도 한다. 집을 짓는

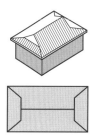

합각지붕

건축주가 특별히 요청하지 않아도 공사를 하는 장인들이 어떻게 하면 합각부분에 멋스럽고 좋은 의미를 둘까 하는 것에 공을 들여 시공한 모습도 볼 수 있다. 그러나 아쉽게도 멋과 의미를 주려는 장인의 마음과 다르게 실제는 아무 의미를 주지 못하고 단순하거나 소박하게 시공마감된 합각벽도 많이 있다.

합각벽의 모양을 보면 구운 벽돌을 회반죽으로 쌓아 보통 벽돌 벽체 모양을 한 것과 합각벽에 환기용 구멍을 내면서 멋을 살려낸 경우가 있고, 와편을 사용하여 와편담장을 시공하는 것과 같은 공법을 이용한 와편 합각벽, 암키와와 수키와를 이용하여 파도치는 모양과 구름무늬를 만들기도 하고, 와편을 이용해 태극무늬를 연출한 경우, 전돌로 만자문양을 넣은 경우, 전돌로 태극문양을 만든 경우, 합각벽 가운데 수(壽)자와 복(福)자 등을 넣어 장수와 복을 기원하기도 하는 등 일일이 말할 수 없을 정도의 많은 무늬의 합각벽을 볼 수 있다. 그러나 합각벽의 무늬에 대하여 어떤 것이 좋다 나쁘다고 일률적으로 정의할 수는 없을 것이다. 각각의 합각벽은 하나의 작품으로서 기능과 멋 그리고 상징성이 있기 때문이다.

합각벽을 치장한 경우 보통 살림집은 토벽을 치거나 재사벽 또는 회벽을 하고 와편과 벽돌 등을 이용하여 꽃담 형식으로 시공한 경우가 많다. 반면, 궁궐건축의 합각벽은 도예원에서 특별히 제작하여 맞춤형식으로 시공하거나 전돌을 가공해 작업을 하였다.

합각 문양에는 여러 가지 문양들이 있으며 문양 하나하나에 의미가 있으므로 작업하는 장인들은 그 의미가 훼손되지 않도록 해야 할 것이다.

예를 들어 경복궁 자경전 일곽의 합각 문양을 보면 바탕에 무시무종의 무늬를 넣고, 벽 가운데에 매듭무늬의 사각형 문양을 배치했으며, 그 안에 팔각문양을 넣었다. 팔각문양 안에는 원으로 둘러져 있는(圓輪外郭) 태평화(太平花)문양을 넣었다. 색상은 주색(주황색), 갈색, 자색을 사용하여 천지인과 천부경의 우주생성과 삼라만상의 사리 의미를 담고 있다.

(1) 와편 합각

와편을 이용하여 쌓을 경우 진흙에 석회를 섞어서 된 반죽으로 해 켜마다 놓고 선정된 암키와나 수키와를 적토 위에 올려놓고 지그시 눌러 가면서 켜를 형성한다. 이때 적토의 반죽에 주의를 기울여야 하는데 적토의 반죽이 질면 처지는 현상이 생겨 모양이 변형되거나 적토부분에 균열이 발생하기 쉽기 때문이다. 적토의 반죽은 뭉친 상태에서 힘을 가하지 않는 한 변형이 없는 정도의 반죽이 적당하다.

궁궐건축의 합각벽의 경우는 먼저 안벽을 만들고 제작 가공된 재료를 붙이거나 쌓아서 벽체를 형성한다. 이러한 경우는 현장에서 창작하는 것보다는 장인들이 이미 설계된 계획에 의하여 시공하는 것이 보통이다. 재료를 쌓거나 붙인 다음 줄눈부분은 회사벽 또는 삼화토로 채워 바르거나 줄눈으로 마무리한다.

합각작업은 내부의 구조적 안정을 위하여 외엮기 구조 또는 전돌을 이용해 선작업을 하고 부축하여 문양작업을 하는 것이 좋다.

(2) 전돌 합각

전돌 합각의 경우 반장쌓기와 온장쌓기로 구분하며, 반장쌓기의 경우는 내부에 외엮기 또는 부축할 수 있는 구조를 만들고 부축하여 쌓도록 한다.

각각의 모양에 따라 다르지만 맞댄줄눈을 할 경우는 전면에는 맞대고 후면에는 석회반죽으로 사춤하여 쌓을 수 있도록 벽돌을 가공하거나 이형 벽돌로 주문해야 한다. 수복강녕, 만자문양, 태극문양 등 다양한 문양의 전돌 합각을 만들수 있다.

(3) 도벽 합각

도예원에서 만든 문양을 붙이거나 쌓아서 합각 문양을 만드는 경우다. 바탕을 전돌로 쌓아 면을 바르게 한 다음 문양을 붙이거나 쌓아 마감한다. 이때는 면바름의 회반죽이 굳어 안정적으로 바탕을 유지하게 하고 균열의 진행이 없도록 한후 풀을 섞은 회반죽이나 회사반죽을 이용하여 쌓거나 붙인다.

외부에 문양을 설치하므로 문양은 소성온도 1,250℃ 이상에서 구운 것으로 흡수율이 적고 내수성이 있으며 동파되지 않아야 한다. 줄눈마감은 회사벽마감 또는 회반죽마감으로 하고 오염되지 않도록 하며 오염된 경우 즉시 청소한다. 특히, 합각의 크기가 큰 경우는 쌓을 때 동선을 넣으며 박공널과 분리되지 않도록 조치해야 한다. 이러한 방법은 현대건축에서 와이어 메시를 넣는 것과 같다.

합각면의 방수를 위해서는 치밀하게 시공해야 하며 유회로 줄눈을 하거나 표면에 들기름을 발라 주는 것이 좋다. 이는 현대건축에서 발수제를 도포하는 것과 같다. 이때도 박공널과 만나는 부분이 재료 분리로 인하여 누수되지 않도록 각별히 주의해야 한다.

(4) 환기구 설치

필요한 경우 합각벽에 환기구를 설치해야 한다. 한옥의 합각에 환기구가 있는 건물과 없는 건물이 있는데 구조 특성상 환기구가 필요하지 않은 경우도 있다. 이는 한옥 지붕 구조상 완전히 밀폐되지 않고 자연환기가 가능하기 때문이다.

와편의 경우 환기구를 수키와 두 장을 맞대어 보통 두 곳에 나란히 설치하는 경우, 목재로 격자창 모양으로 만들어 가운데 설치하는 경우가 있다. 전돌 합각의 경우에는 완자문양으로 설치하는 경우가 있다.

환기구에는 새나 곤충이 드나들지 못하도록 가는 동망을 설치하여야 한다.

_6 양성바름[양상도회(樑上塗灰)]

01. 개요

양성바름은 수마룻기와·너새·미출기와를 남기고, 용마루·내림마루·추녀마루를 미장하는 것을 말한다. 궁궐건축과 같이 품격을 높이거나 바람이 센 지역에서 적용하는 미장기법이다. 또한, 지붕 위에 새나 뱀 같은 것들이 둥지를 틀지 못하게 하는 기능도 있다.

의궤에 의하면 양성바름을 양성(梁城, 兩城, 陽城), 도회(塗灰), 양상도회(梁上塗灰), 양상수회(梁上水灰), 양상도회감수회, 수회(水灰), 유회(油灰)라고 부르기도 하였다. 여기서 수회와 유회는 재료의 분류방법인데 이는 의궤 기록으로만 본 것이다.

양성바름은 외부에 노출되어 있기 때문에 비바람과 동해에도 잘 견디도록 해야 한다. 미장공사 중 하자 발생이 제일 많은 부분으로 양성바름 하자에 대하여는 임금까지 신경을 썼던 일이기도 하다.

조선시대 영건의궤에는 유회를 바르거나 수회를 재료로 사용하였다고 돼 있는데, 일제강점기를 거치고 외래 건축기법이 도입됨에 따라 변형된 방법으로 시공되고 있어 문화재 보수의 진정성이 많이 훼손되고 있는 현실이다. 예컨대 현재에 와서는 해초풀 사용이 전통방법으로 자리 잡고 시멘트 사용도 공공연하게 품셈에 등장하며 모르타르라는 용어를 자연스럽게 사용하기도 한다.

양성바름 추녀마루 동파

양성바름 내림마루 동파

창건 당시 사용재료와 기법이 단절되고 양성바름의 기법 변화는 물론 사용재료도 바뀌었으나 이를 심각하게 생각하지 않는 현실이 가슴 아프다.

02. 재료 준비

양성바름의 미장재료로는 석회·종이여물·법유·백토·모래·풀이 대표적이다. 여기서 석회·종이여물·기름으로 배합한 것이 유회고, 석회·종이여물·백토 또는 모래를 물로 섞은 것을 수회라고 한다.

양성바름을 할 때에는 첫째, 어떤 재료와 기법으로 시공할 것인지 결정해야 한다. 현재는 문화재 수리 표준품셈, 표준시방서에 진흙으로 초벌바름을 한다고 되어 있고 기존에 시공된 곳을 해체하여 보면 초벌을 진흙으로 바른 경우도 있다. 그러나 영건의궤에는 양성에 진흙을 발랐다는 내용이나 재료 구성내역에 진흙이 포함돼 있지 않다. 이는 어떠한 기준도 없이 잘못 변형된 기법이 사용됨을 보여주는 증거로, 이에 따라 빗물이 유입돼서 목재가 부식되고 양성에 초목이 자라 미장바름한 면이 벌어지기도 하는 원인인 셈이다. 양성바름에 있어 조금만 신경을 쓰면 상식에 벗어나는 일은 하지 않을 것이다. 양성바름의 구조로 보아 당연히 빗물이 적새 사이로 스며들 수밖에 없는 구조인바 여기에 초벌로 진흙만을 발라서는 안 될 것이다.

둘째, 영건의궤에는 유회를 바른다고 되어 있어, 석회·들기름·종이여물을 사용한다고 돼 있다. 따라서 고결재인 주재료 석회를 물성의 자체가 전혀 다른 시멘

흥인지문의 양성 하자

양성 하자

트로 기경성 재료와 수경성 재료를 바꾸어 사용하는 일은 없어야 한다.

양성바름용 재료의 구성은 석회, 들기름 또는 해초풀(정체불명), 찹쌀풀, 유피전수, 여물, 백토, 모래나 마사토로 정리할 수 있다.

주재료인 생석회는 양질의 것으로 준비하여야 하는데 요즘은 생석회를 생산하는 공장이 많으므로 생석회를 고를 때 신뢰가 있는 제품으로 선택해야 한다.

모래나 마사토 또는 백토는 양성바름의 색상을 고려하여 그 양을 가감해야 하는데 이러한 결합재를 선택할 때는 매우 신중하여야 한다. 마사토나 모래가 검은색이 나거나 황토색이 나는 것을 사용한다면 원하는 색의 결과물을 얻을 수 없기 때문이다.

자료에 따르면 재료 중 유피전수는 1790년 문희묘영건청의궤부터 사용하였음을 알 수 있다.

> 양상도회는 매번 회를 물에 이겨서 하기 때문에 절로 떨어져 손상되는 폐단이 있습니다. 유백피(楡白皮)를 물에 담가 즙을 취해서 회와 섞어 골고루 버무리면 돌처럼 단단하게 응고됩니다. 지금 영희전 양상도회를 수개하는 일도 이 방법을 취하는 것이 좋을듯하므로 감히 진달합니다.
> —승정원일기(1785년, 정조 9년 7월 20일)에서

03. 작업 준비

의궤를 보면 양성을 바르기 위하여 비계를 매고 추락이나 미끄럼을 방지하기 위한 시설을 했던 기록이 있다. 또한, 기왓장 파손 방지와 작업을 용이하게 하기

양성바름 작업 시 안전 관리를 위해 비계를 설치한 모습 1 · 양성바름 작업 시 안전 관리를 위해 비계를 설치한 모습 2

위하여 볏짚 또는 풀을 충분히 채워 깔고 그 위에 기계목을 설치해 작업한다고 되어 있다. 즉, 안전 관리에 주의를 기울였던 것이다.

현대에서는 일일이 비계작업을 하여 발판과 통로를 확보해 공사하는 경우도 있지만 규모가 작거나 간단히 보수하는 작업은 풀 대신 모래주머니를 만들어 깔고 기계목을 이용하여 발판을 만들어 작업하는 경우도 있다. 이때 물매가 급한 지붕에는 모래주머니가 미끄러져 흘러내려 위험할 수 있으므로 주의해야 한다. 특히, 작업 시 기존 기와에 보양을 하여 석회가 묻지 않도록 주의해야 한다.

04. 양성 망 설치

동망은 적새부분까지 감싸도록 하며 수마룻장 기와는 초벌 또는 재벌바름 후 올려놓도록 해야 한다. 수마룻장 기와까지 올려놓고 양성바름을 하면 수마룻장 기와 사이로 눈비가 들어가서 양성바름에 하자가 발생할 가능성이 높기 때문이다.

양성바름에 있어 망을 설치하는 것이 전통기법이 아니라는 반대 의견도 있지만 양성바름의 하자 발생에 대한 대안으로 동망을 설치하는 기법 적용을 고려해 볼 수 있겠다(전통방법은 생포를 사용). 동망 사용은 창건 당시에 사용되지 않았더라도 진정성이 훼손되지 않는 범위에서 전문가들의 의견을 들어 결정하는 것이 좋을 것이다.

동망을 설치할 때는 적새기와를 쌓기 전에 바닥에 펴서 깔고 적새를 쌓으면 편리하다. 동망은 수마룻기와를 놓기 전에 적새를 감아 돌리고 들뜨지 않게 서로 걸어서 묶어 주는 것이 좋다. 미리 적새와 적새 사이에 연결 동선을 놓아두었다가 적새기와를 쌓고 동망을 친 다음 들뜰 우려가 있는 곳을 묶어 주면 안전하다.

양성바름 작업 전의 취두부분

동망 설치 후 적새기와 놓기

동망을 설치할 때 눈의 크기가 너무 작아 적새 사이로 미장재료가 채워지는 것을 방해해서는 안 된다. 동망은 1~1.2mm 정도의 굵기에 눈의 크기는 2~3cm 정도면 적당하고 미장재료에 따라 눈의 크기는 조절해야 할 것이다.

또한, 일반 미장공사에서처럼 동망이 아닌 철 망을 사용하지 않도록 해야 한다. 양성은 빗물이 침투될 가능성이 있는 곳으로 녹 발생으로 인한 하자가 발생하기 때문이다.

동망 설치 후의 모습

05. 초벌바름

초벌바름면에 적새기와 틈 사이로 밀려 나온 흙을 완전히 긁어내고 먼지가 묻은 곳을 빗질을 하여 털어 낸다. 석회·마사토 또는 진흙·여물·풀을 섞어 반죽하여 적새 사이로 쳐서 넣어야 한다. 미장하듯이 바르면 적새 사이가 메워지지 않아 박락·균열로 인한 하자가 발생될 수 있다. 반죽은 바를 수 있는 정도에서 최대한 된 반죽이 좋다. 된 반죽이 자중에 의한 균열·박락 방지와 건조·수축에 의한 하자 발생이 적기 때문이다. 옆면과 상부의 면을 한 번에 감아 넘겨 발라 서로 분리되지 않고 한 덩어리가 되도록 바른다.

용마루와 합각 아래는 좌우대칭형으로 현수곡선을 미리 잡아 초벌바름에서 어느 정도의 형태를 잡아 주어야 재벌과 정벌 마감이 용이하다. 그러나 각을 잡기

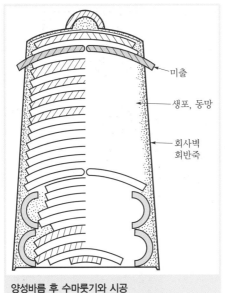

미출

생포, 동망

회사벽
회반죽

양성바름 후 수마룻기와 시공

빗물 유입으로 인해 수마룻기와 사이에 생긴 백화현상

위하여 적새 상부에 과도하게 반죽된 재료를 올리면 균열이나 박락의 우려가 있으므로 여러 번 발라 적절하게 모양을 잡아야 한다.

재료 배합은 소석회 1 대 흙 또는 마사토 2~3 비율로 하고, 진흙이 너무 차지면 마사토를 적당히 섞어 주면 작업성이 좋아지고 균열이 예방된다. 삼여물 100L에 한 줌 정도 넣으면 된다.

특히, 양성의 초벌바름 시 석회를 같이 배합하여 주도록 해야 한다. 양성의 구조상 초벌로 빗물이 유입될 가능성이 매우 높은 구조이기 때문에 초벌이 빗물에 잘 견디도록 해야 하는 것이다.

양성바름의 하자는 기법에 의한 하자보다 재료 선택과 작업 시기가 더 중요하다.

양성바름에서는 적새기와를 감아 수마룻기와를 올려놓을 부분까지 감아 미장 작업을 마치고 수마룻기와를 올려놓아야 한다. 이때 홍두깨흙을 올려놓을 경우 미장면과 홍두깨흙의 접착을 위하여 미장 접착면을 거칠게 하여 놓으면 좋다.

양성의 박리·박락현상은 재료의 부착력 부족과 수마룻기와를 올려놓고 미장 작업을 하는 데서 생기는 하자다. 수마룻기와를 놓고 적새부분을 미장하게 되면 수마룻기와 측면에 미장재료가 받아지게 되고, 마룻기와 이음새 미구와 언강부분으로 물이 유입되어 고이게 되고, 유입된 물이 겨울철에 얼어 양성바름면을 밀어내면서 박리·박락과 동파가 생기게 된다. 또한, 유입된 물이 석회분과 함께 흘러내려 백화현상을 유발하여 보기 흉하고 하자의 원인이 되기도 한다.

미출부분을 미장하는 모습

용마루 양성의 초벌바름

양성의 초벌바름

용마루 양성의 마감

따라서 양성바름이 있는 용마루부분이나 내림마루와 추녀마루부분의 수키와
는 미장작업 후에 올리도록 해야 한다.

(1) 내림마루 또는 추녀마루 끝의 모양 및 각도

내림마루와 추녀마루 끝은 적당한 각도와 모양으로 마감하여야 한다. 그동안
감독자 또는 작업자에 따라 상부가 타원형인 경우, 직각인 경우 등 다양한 모양
으로 마무리된 사례가 많았다. 또한, 끝면의 각도가 앞으로 넘어와 불안해 보이
는 경우도 있고, 측변의 각도가 일직선으로 되어 불안정한 모양도 있다.

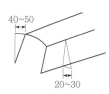

옆의 그림과 같이 추녀마루 양성 끝은 측면의 기울기가 20~30mm 정도, 즉 아
랫부분이 넓어야 하고, 정면에서 뒤로 기울기는 30~50mm 정도가 되면 안정감이
있다. 상부 끝면은 직선보다는 약간의 곡선을 주는 것이 좋다. 이것은 아래쪽에
서 쳐다보았을 때 안정감과 부드러운 느낌을 줄 수 있기 때문이다. 초벌에 이와
같은 형태를 어느 정도 잡아야 재벌과 정벌 작업에 유리하다.

양성의 초벌바름

미출 상부의 양성바름

용마루 상부 미출부분의 미장은 특별히 주의해야 한다. 미출과 수마룻기와 사이부분에 미장을 해야 하므로 접착 실패로 인한 탈락의 우려가 많기 때문이다. 이때에는 기와에 묻은 먼지를 깨끗이 털어 내고, 석회에 풀을 섞어 발라 주고, 마르기 전에 반죽된 미장재료를 발라 주어야 한다.

미출 위의 미장에 있어 기능공마다 다른 모양으로 작업을 하는데 미장을 두껍게 하여 각을 만들지 않도록 한다. 각을 만들지 않고 기와 모양보다 조금만 돌출시켜도 적당한 모양이 만들어지고, 또한 미장재료의 두께가 두꺼워 수축·균열·탈락을 방지할 수 있다.

양성바름에 있어 치미·취두·용두 등 장식부분에 빗물이 스며들지 않도록 세심한 주의를 기울일 필요가 있다. 보기에는 치미가 크게 보이지 않지만 실제로는 무게가 많이 나가고 크므로 2개 또는 3개를 분리 제작하여 조립하는 경우가 많다. 그러므로 치미를 올려놓는 바닥의 형태나 조립연결부분이 빗물이 안으로 유입되는 구조인지 잘 살피고 빗물이 치미 등 장식부분으로 유입되지 않도록 조치하여야 한다. 재료 자체가 석회 종류이므로 유회를 만들어 틈새를 잘 메워 주는 것이 좋다. 이러한 방수작업의 범위가 번와에 속하는가, 미장에 속하는가 공종별로 서로 미루다 보면 결국 누수로 인하여 건축물 손상만 가져오게 된다.

(2) 생포 씌우기

양성바름에 있어 수축·균열·박리·박락을 예방하기 위해서는 생포를 사용한다. 생포는 가능한 한 올이 굵고 눈이 큰 것이 좋다. 눈이 커야 미장면에 눌러 붙일 때 바탕의 미장재료가 올라와 접착력이 좋고 균열 예방에 효과가 있다. 최근에는 생포 대용품으로 조경용 녹화 마대를 사용하기도 한다.

초벌 전에 씌우는 동망은 망의 눈이 크기 때문에 적새 사이로 미장재료가 잘 밀려 들어가 가능하지만, 생포는 동망에 비해 눈이 촘촘하므로 초벌미장을 하고 나서 초벌면에 씌운 다음 초벌의 미장재료가 올라오도록 문질러 붙이도록 한다. 필요에 따라서 재벌바름에 생포 씌우기를 할 수도 있다.

특히, 생포 씌우기를 할 경우 방수를 위하여 법유(들기름)를 발라 주어 누습으로 인한 생포의 부식을 막아야 한다. 한편, 의궤에 따르면 생포는 1659년부터 1725년 경까지 사용한 것으로 보인다.

06. 재벌바름

양성바름은 초벌·정벌로 2회 정도 바르는 것이 보통인데, 초벌·재벌·정벌 3회를 바르는 것이 좋다. 변형 왜곡된 방식인 초벌에 흙을 바르고 정벌마감을 한다면 하자 발생의 가능성이 매우 높기 때문이다.

재벌바름은 석회 1 대 마사토 1~2에다 여물을 섞어 바르는 것이 좋다. 마사토를 선택할 때는 고운 정도에 따라 균열 발생의 정도가 달라지기 때문에 주의해야 한다. 재벌에서 잔 균열이 발생되지 않도록 하여야 하며 요구하는 형태를 만들어 놓아야 하므로 미리 규격을 숙지하고 작업해야 한다. 바르는 방법도 일반 시멘트 모르타르 바르는 공법으로 해서는 안 되며 긁어놓은 면에 눌러 발라 접착력을 높이도록 한다. 초벌과 재벌 사이로 공극이 생기고 그 부분에 물이 들어가면 겨울에 동파가 생기기 쉽기 때문이다.

재벌바름 후 건조·경화 상태를 보아 균열이 발생하면 균열부분을 눌러 주고 면을 거칠게 긁어 준다. 시멘트와 달리 균열부분을 흙손으로 눌러 주면 다시 접착되는 효과가 있다.

07. 정벌

정벌은 수마룻장 기와를 올리면서, 모양·색상과 방수성을 고려하여 작업해야 한다. 원하는 모양과 색상을 위하여 양질의 생석회를 선택해야 하고, 특히 양성 바름용 생석회는 오염되지 않도록 백마사나 나무 상자 또는 열에 잘 견디는 용기에서 피워야 한다. 황토색이 나는 질마사나 흙에다 피우면 석회가 오염되기 쉬우

양성정벌하는 모습

양성정벌 후 잔균열 누르기

니 조심해야 한다.

정벌에는 회반죽, 유회로 바르거나 또는 회사벽으로 바르는 방법이 있다. 특별히 구분하자면 회반죽으로 바르는 것과 회반죽에 가는 모래를 섞는 회사반죽으로 구분할 수 있는데, 문화재의 경우는 창건 당시 공법에 맞게 선택해야 할 것이다.

정벌의 두께는 회반죽의 경우 3mm 정도, 회사반죽의 경우 4~5mm 정도로 바르는 것이 좋다. 이때에도 흙손으로 눌러 발라 접착력을 높여 주어야 한다. 건조·경화 과정에서 균열이 발생하는지 관찰해야 하며 균열이 생기면 균열부분만 눌러 주어야 한다. 때를 놓쳐 너무 건조된 경우 균열부분에 풀물을 바르고 눌러 주는데, 주의할 것은 흙손에서 묻어나는 때에 오염이 되지 않도록 주의해야 한다.

6 영건의궤연구회, 《영건의궤》, 도서출판 동녘, 2010, p. 844.

7 조영민, 〈17C 이후 미장(泥匠) 기법 변천 연구〉, 명지대 박사논문, 2014, p. 96.

표 3-14 조선 후기의 관영건축공사의 시기별 양상도회 재료의 구성 내역[6]

공사명	석회	들기름	종이여물	풀	느릅나무 껍질	백토	모래
창경궁 수리(1633년)	○	○	○	○			
창덕궁 수리(1647년)	○	○	○	○			
저승전(1648년)	○	○	○	○			
창덕궁 창경궁 수리(1652년)	○	○	○	○			
창덕궁 만수전 수리(1657년)	○	○	○	○			
영녕전 수개(1668년)	○	○	○	○			
남별전 중건(1677년)	○	○	○	○			
경덕궁 수리(1693)	○	○	○	○			
종묘 개수(1725년)	○	○	○	○			
의소묘 영건(1752년)	수회			(○)		○	○

표 3-14 (계속)

공사명	석회	들기름	종이여물	풀	느릅나무 껍질	백토	모래
수은묘 영건(1764년)	수회					○	○
경모궁 개건(1776년)	수회					○	○
문희묘 영건(1789년)	수회				○	○	○
인정전 영건(1805년)					○		
창경궁 영건(1834년)					○		
창덕궁 영건(1834년)					○		
종묘영녕전 증건(1836년)	○	○	○		(○)		
인정전 중수(1857년)					○		
남전 증건(1858년)	○	○	○			○	
영희전 영건(1901년)	○	○	○			○	
중화전 영건(1904년)	○	○	○			○	
경운궁 증건(1906년)	○	○	○			○	

표 3-15 산릉도감의 시기별 양상도회 재료의 구성 내역[7]

산릉도감의궤명	연도	석회	들기름	종이여물	풀	생포
효종영릉산릉도감의궤	1659	○	○	○	○	○
인선왕후산릉도감의궤	1674	○	○	○	○	○
현종숭릉산릉도감의궤	1674	○	○	○	○	○
인경황후산릉도감의궤	1680	○	○	○	○	○
명성왕후숭릉산릉도감의궤	1684	○	○	○	○	○
장렬왕후산릉도감의궤	1688	○	○	○	○	○
숙종명릉산릉도감의궤	1721	○	○	○	○	
경종의릉산릉도감의궤	1725	○	○	○	○	○
인원왕후명릉산릉도감의궤	1757	○	○	○	○	
영조원릉산릉도감의궤	1776	○	○	○	○	
정조건릉산릉도감의궤	1800	○	○	○	○	
순조인릉산릉도감의궤	1835	○	○	○	○	
효현왕후경릉산릉도감의궤	1843	○	○	○	○	
익종수릉산릉도감의궤	1846	○	○	○	○	
현종경릉산릉도감의궤	1849	○	○	○	○	
순조인릉천봉산릉도감의궤	1856	○	○	○	○	
철종예릉산릉도감의궤	1864	○	○	○	○	

표 3-16 양상도회 재료의 배합비(회 1섬 기준)

의궤 목록	연도	회	세사	휴지	교말	법유	점미	죽미	생포
창경궁수리소의궤	1633	1섬		5량		16홉		2.2되	
		1섬		8.8량		13홉		1되	
		1섬		18.8량		18홉		2.2되	
창덕궁창경궁수리소의궤	1652	1섬		5량	4되	500홉			
		1섬		5량	4되	500홉			
		1섬		4.2량	3.4되	11홉			
창덕궁만수전수리도감의궤	1657	1섬		2.6량		9홉	1.6되	3.3되	
		1섬		3.2량		6홉	2.1되	4.2되	
효종영릉산릉도감의궤	1659	1섬		3량		8홉		1되	10척
영녕전수개도감의궤	1667	1섬		3량		5홉		3되	
		1섬		3량		1홉		3되	
		1섬		3량		5홉		2되	
집상전수개도감의궤	1667	1섬		5량		4홉	6.3되		
인선왕후산릉도감의궤	1674	1섬		3량		8홉		3되	10척
현종숭릉산릉도감의궤	1674	1섬		2.8량		8홉		2.8되	10척
남별전중건청의궤	1677	1섬		3량		10홉		3.6되	
인경황후산릉도감의궤	1680	1섬		3량		8홉		3되	10척
명성왕후숭릉산릉도감의궤	1684	1섬		5량		5홉		3되	10척
장렬왕후산릉도감의궤	1688	1섬		3량		8홉		3되	10척
숙종명릉산릉도감의궤	1721	1섬		1.7량		3.5홉		1.6되	
경종의릉산릉도감의궤	1725	1섬		3.4량		8홉		3.4되	10척
종묘개수도감의궤	1726	1섬		3량		10홉		3되	
진전중수도감의궤	1748	1섬		3량		5홉		1.5되	
인원왕후명릉산릉도감의궤	1757	1섬		4.8량		75홉		1.5되	
영조원릉산릉도감의궤	1776	1섬		10량		8홉		5되	
정조건릉산릉도감의궤	1800	1섬		7량		8홉		2.5되	
현사궁별묘영건도감의궤	1824	1섬	1섬	20.7량		8홉			

표 3-16 (계속)

의궤 목록	연도	회	세사	휴지	교말	법유	점미	죽미	생포
순조인릉산릉도감의궤	1835	1섬		7량		8홉		3.3되	
종묘영녕전증수도감의궤	1836	1섬		3량		4홉			
		1섬		3량		4홉			
효현왕후경릉산릉도감의궤	1843	1섬		7량		8홉		3.3되	
익종수릉산릉도감의궤	1846	1섬		7량		8홉		3.3되	
현종경릉산릉도감의궤	1849	1섬		7량		8홉		3.3되	
순조인릉천봉산릉도감의궤	1856	1섬		2량		8홉		0.8되	
철종예릉산릉도감의궤	1864	1섬		8량		8홉		3.3되	

표 3-17 양성바름 보정 비율(18L 5말 당)

의궤 목록	연도	회	세사	휴지	교말	법유	점미	죽미	생포
인경황후산릉도감의궤	1680	1섬, 15말, 90L		3량		8홉		3되	10척
현재 도량 보정	2014	5말, 90L		3량		8홉		3되	
명성왕후숭릉산릉도감의궤	1684	1섬, 15말, 90L		5량		5홉		3되	10척
현재 도량 보정	2014	5말, 90L		5량		5홉		3되	10척
장렬왕후산릉도감의궤	1688	1섬, 15말, 90L		3량		8홉		3되	10척
현재 도량 보정	2014	5말, 90L		3량		8홉		3되	10척

건조·경화 후에는 풀을 발라 주어 가는 틈새를 메워 균열부분을 보완하고 방수효과도 가져올 수 있도록 한다. 특히, 수마룻기와와 미장면의 접합부분에 틈이 생기지 않도록 해야 한다. 또한, 치미 등 장식기와, 잡상, 수마룻기와, 착고와 연결된 부분이 오염되지 않도록 주의하여야 하고 오염된 부분은 청소를 해야 한다.

양성바름 후 급하게 건조되면 수축·균열이 심하게 나타나므로 거적을 덮어 안정적으로 건조 양생시키는 것이 좋다. 이때 잡상 등 모서리부분이 파손되지 않도록 한다.

의궤에는 양성바름에 해초재료를 사용한 내용이 없으나 현재 표준품셈 및 시방서에서는 정벌미장 시 해초풀을 쓰도록 하고 있어 이 부분에 대한 연구가 필요하다.

정벌용 재료의 배합은 회사벽의 경우 소석회 1 대 모래 또는 마사토 0.5~1 비율에 삼여물과 풀을 사용하고, 회반죽은 소석회 30kg과 여물 100g에 유근피풀이나 해초풀, 곡류풀을 쓰며 유회를 만들어 쓰는 경우도 있다.

[표 3-16]의 창덕궁창경궁수리소의궤(1652년)에는 교말 4되와 법유 500홉을 사용한 것으로 되어 있다. 내용으로 보아 법유로 석회를 반죽한 유회(油灰)라고 보여진다. 유회의 용도는 석재 교착용으로 사용되었으나 양성바름에도 특별하게 사용된 것으로 보인다. 다른 공사는 회반죽바름 시 표면에 들기름을 발라 마감한 것으로 보인다.

창덕궁만수전수리도감의궤(1657년)에 죽미(粥米)와 점미(粘米)를 같이 쓴 것으로 기록돼 있는데, 이는 싸라기와 쌀을 섞어서 쓴 것으로 볼 수 있다.

법유 마감

양성바름 마감에서 회반죽을 기름으로 하여 바르는 유회바름이 있고, 수회를 바른 다음 표면에 기름을 발라 방수 성능을 향상시키는 방법이 있다. 특히, 잡상·용두·취두 등 양성바름과 이어지는 부분은 틈이 생겨 눈 또는 빗물이 유입되지 않도록 주의해야 한다. 이는 현대건축의 발수제 역할과 같다.

법유 마감작업하는 모습

청소

양성바름은 주의 또는 보양을 하여 작업을 해도 석회가 묻기 쉽다. 따라서 묻은 석회나 진흙은 청소를 하여야 한다. 쓸어 내기, 닦아 내기를 하고 물청소 작업을 할 수도 있다. 특히, 물청소를 할 때는 기존의 마감공사부분을 훼손하거나 목재부분에 물이 스미지 않도록 주의해야 한다.

_7 앙토(앙벽, 치받이, 천벽)

01. 개요

　기와를 잇기 위해서 서까래 위에 산자(橵子)를 엮고 진흙을 되게 이겨 올려 눌러 바르는 것을 알매흙이라고 한다. 앙토는 그 반대 안쪽 천장을 바르는 것을 말하며, 치받이라고도 하고 또는 앙벽·앙사벽·앙토벽·천벽이라 하기도 한다. 고미반자도 앙벽을 바르는 방법과 같은데, 앙토부분의 바탕이 어떻게 되어 있는지 살피고 난 후 작업을 준비하여야 할 것이다. 산자를 엮고 기와를 올리는 일을 할 때 앙토바름으로 마감을 할 것인지 정하여야 하고 앙토바름으로 마감을 할 계획이면 산자를 엮을 때와 알매흙을 칠 때 앙토마감에 대한 배려가 있어야 한다.

　산자를 엮을 때 평고대부분의 미장마감을 고려하여 서까래 위에 앙토바름 두께(15~20mm 정도)에 폭 30~45mm, 길이 90~120mm 정도 산자받이를 서까래 방향으로 위에 덧대어 설치하고 그 위로 산자엮기를 한다. 이것을 산자엮기 전에 서까래에 메뚜기를 설치한다고 한다. 이러한 일은 산자를 엮는 사람이 꼭 알아 두어야 할 일이고

산자받이(메뚜기)

대나무 산자엮음   장작 산자엮음   산자엮음

평고대 바름   평고대 바름(궁궐공사)   평고대 바름(불국사 대웅전)

미장 작업자도 미리 점검해야 할 사항이다.

산자받이를 설치하지 않으면 앙토바름 시 평고대부분이 불룩하게 올라오게 되어 미관상 좋지 않으며 앙토의 탈락으로 인한 하자의 원인이 되기도 한다.

앙토바름의 방법도 평고대를 감싸 바르는 등 기준이나 원칙이 없이 작업한 곳도 많고 이러한 작업으로 인해 평고대 밑부분의 앙토바름이 탈락한 곳이 국보급 문화재에서도 다수 발견되어 전통미장 기법의 기준 마련이 시급하다고 할 수 있다.

이러한 현상은 도제식 교육의 결과로, 그 예방책으로 보다 폭넓은 현장 경험과 지식 그리고 장인들간의 기술 공유가 필요하다 할 것이다. 장인들이 자기 기능 제일주의에 빠져 있어 상식적인 건축기법도 지켜지지 않는 경우도 있기 때문이다.

앙토바름은 일반 벽체나 바닥공사와 달리 천장에 미장재료를 붙이는 방법이므로 숙련공도 작업하기 힘들어 하는 작업의 난이도가 높은 것으로 평가되고 있다. 이렇게 난이도가 높은 공사에 산자엮기가 균일하지 않아 울퉁불퉁하고 간격이 넓어 알매흙이 처지게 되면 앙토 바르는 데 어려움이 있고 탈락 등 하자의 원인이 되기도 한다. 특히, 장작 산자를 엮는 경우는 울퉁불퉁하여 작업의 어려움은 물론 품질도 불량하게 되므로 앙토마감을 고려해 작업하여야 한다.

최근에는 산자만 엮고 아예 알매흙을 올리지 않고 앙토바름을 하는 곳이 있는데 매우 안타까운 일이다. 이는 앙토바름의 품질을 보장하기 어려운 방법이다.

02. 초벌

앙토의 초벌은 진흙에 적당량의 가는 마사토나 모래를 섞어 바르는데 마감은 회반죽 바르기, 회사벽, 사벽, 재사벽마감을 고려하여 초벌미장을 한다. 바름 두께는 산자대가 덮여야 하지만 너무 두껍게 발라 자중에 의해 떨어지는 일이 없도록 해야 하며 두꺼운 산자대 밑을 기준으로 10mm 전후가 정도가 적당하다.

현대건축의 시멘트모르타르 미장의 경우는 바탕이 조적이거나 콘크리트이기 때문에 일정하게 바름 두께를 정하는 것이 가능하지만, 전통미장의 앙토바름은 바탕 상태나 마감재료에 따라 다르기 때문에 바름 두께가 해당 작업 환경에 따라 달라진다.

초벌용 재료간 비율은 진흙과 여물만 사용하는 경우가 있고 여기에 소석회를 진흙 3~5 대 소석회 1 비율로 섞으면 초벌바름 후 건조 시 바탕이 안정되며 강도가 증가된다.

앙토의 초벌바름에서는 진흙 점도가 높으면 모래나 마사토를 적당한 비율로 섞고 볏짚은 3~6cm 정도 크기로 하여 여름에는 1일, 초봄이나 가을에는 2~3일 숙성시킨 후 바르도록 한다. 앙토바름은 볏짚이 숙성되지 않으면 작업이 어렵고 품질도 좋지 않다. 볏짚을 숙성시키지 않으면 뻣뻣하기 때문에 바름 후 볏짚이 삐져나오

초벌바름한 앙토

게 되고 작업성도 좋지 않으며 재벌이나 정벌바름 시 장애가 되므로 삐져나온 볏짚여물을 눌러서 잘 정리해 두어야 한다.

평고대 턱에서 회반죽의 경우는 7~8mm의 여유를 주고, 회사벽·사벽·재사벽의 경우는 8~9mm 정도 깊게 바른다. 앙토의 초벌바름 후에는 재벌바름을 위하여 거칠게 긁어야 하며, 서까래나 평고대·도리 주변은 깨끗이 청소한다.

선자와 서까래 사이의 앙토 바르기는 간격이 좁아 어려우므로 황새목흙손이나 나무흙손을 길게 만들어 작업해야 하며 선자부분의 앙토가 떨어지기 쉬우니 채워 눌러야 한다.

앙토바름은 한 번의 흙손질로 천장에 붙지 않으면 떨어지게 되므로 미숙련공을 앙토바름에 배치하는 것은 바람직하지 않다. 앙토 미장작업으로 인하여 주변 목재의 오염이나 단청작업에 어려움을 주지 않도록 주의하여 시공해야 한다.

특히, 문화재 건축물을 작업할 때에는 단청의 문양을 미리 조사하여 자료를 남기도록 담당자에게 전달해 원상태대로 보수하는 데 문제가 발생하지 않도록 하여야 한다.

03. 재벌

앙토의 재벌바름에서는 정벌바름 공법을 미리 정하여 정벌바름에 적합한 재벌 재료를 선택해서 바름을 해야 한다. 정벌마감의 두께는 회반죽·회사반죽·사벽 등에 따라서 달라지므로 평고대나 서까래의 주변을 얼마의 두께로 발라야 하는 지가 결정된다.

회반죽의 경우 평고대와 3~4mm, 회사반죽·재사벽·사벽은 4~5mm 두께의 여유를 주어 정벌마감을 할 수 있도록 한다. 회반죽의 경우는 재벌 때 정벌의 색상을 맞추도록 하는 것이 좋다. 회반죽의 경우 정벌바름 두께가 2mm 정도이기 때문에 재벌 바름면이 돌출되어 얼룩이 생길 수 있기 때문이다. 회반죽 마감의 경우 재벌 배합비는 마사 또는 소석회 1 대 모래 2~3 비율에 여물(삼여물)을 적당히 넣어 반죽하여 바르고 정벌을 위하여 표면만 긁어 놓는다.

마감이 회사벽·재사벽·사벽마감인 경우는 정벌마감 재료에 가깝도록 재벌바름 재료를 쓰는 것이 유리하다.

재벌 바를 때 가능한 한 오염되지 않도록 하여야 하며 오염된 곳은 깨끗이 청소해 두는 것이 정벌에 유리하다.

04. 정벌

정벌바름의 바탕은 충분히 건조된 것이 구조적으로 안정감은 있지만 작업 중 미장재료가 급속히 건조하여 작업성이 좋지 않으며 급속한 건조로 인해 마감면이 거칠거나 흙손 자국이 남게 된다. 따라서 재벌 후 균열이 진행되지 않을 정도의 습윤 상태에서 정벌하는 기술이 필요하다.

정벌바름은 회반죽의 경우 2~3mm 정도, 회사벽과 재사벽의 경우 3~4mm 두께로 바르며 평고대와 약 1mm 정도 턱을 주어야 한다. 정벌바름 시 평고대와 사이에 미세한 턱을 주면 평고대를 덮어 바르지 않게 되고 재료 분리에 의한 균열이

앙토작업하는 모습

회사벽으로 마감한 앙토

발생해도 미관을 해치지 않으며 정벌마감의 탈락
을 예방할 수 있다.

재료 배합은 벽체의 정벌미장을 기준으로 하면
되고 마감 두께는 평고대부분을 기준으로 하여
바르고 연목부분에 잘 들어가도록 눌러 바른 후
가운데를 채워 평활하게 마감한다. 이때에도 연
목에 석회나 황토가 묻지 않도록 주의해야 하고
묻으면 잘 닦아 내야 한다.

청소 시 주의할 것은 회반죽이나 회사벽의 경
우 물솔질은 최소한으로 해야 한다는 것이다.
물솔질로 연목이나 평고대부분에 석회가 묻으면

재사벽으로 마감한 앙토

목재의 표면이 변질되고 얼룩이 생긴다. 앙토바름의 경우는 묻은 흙을 털어 내
는 청소방법이 좋다.

특히, 목재에 도장을 먼저 하고 미장마감할 때는 미장재료가 도장재료에 묻어
화학반응을 하여 오염되는 경우도 있으니 주의해야 한다. 미장면이 경화된 후 쇠
흙손으로 문지르면 쇠흙손에서 묻어 나오는 오염물질로 인하여 얼룩이 생기므로
주의해야 한다. 특히, 회반죽이나 회사벽의 경우가 심하다. 잔균열이나 면 정리를
위한 흙손질은 물기가 걷히기 전에 관찰하여 하는 것이 좋고 굳은 후에는 흙손질
을 최소한으로 하는 것이 좋다.

8 방바닥 미장

01. 방바닥의 요구 성능

전통미장에서 방바닥의 요구 성능을 살펴보면 다음과 같다. 따라서 아래 내용의 요구 성능을 참고하여 작업을 하면 될 것이다.

① 사람의 몸무게와 가구 등에 의한 하중을 견디는 힘이 있어야 한다.
② 국부적 압력에 의해 흠이 생기지 않는 성능이 있어야 한다.
③ 내충격성이 있어야 한다.
④ 내마모성이 있어야 한다.
⑤ 물건의 이동에 의한 파손에 대한 저항성이 있어야 한다.
⑥ 열에 의한 변형에 대한 저항성이 있어야 한다.
⑦ 물이나 습기에 의한 변형에 저항성이 있고 흡습현상이 없어야 한다.
⑧ 내화성 및 난연성에 대한 성능이 있어야 한다.
⑨ 벌레에 대하여 강하고, 부식에 대한 저항성이 있어야 한다.
⑩ 오염에 대해 저항성이 있어야 하고 청소하기 쉬워야 하며 내약품성이 있어야 한다.
⑪ 적당한 빛이 반사되고 광택의 과다로 눈부심이 없어야 한다.
⑫ 감촉성이나 질감, 심미적 안정감이 좋아야 하고 보행 시 소리가 없고 미끄럼 정도가 적당해야 한다.
⑬ 시공이 용이해야 한다.

시근담으로 새는 연기

방 안 기둥에 와편대기(서오릉)

시근담 기둥에 와편대기(양화당)

기둥 보호를 위한 다짐(수강재)

02. 목재 보호작업

구들방은 계속 사용하지 않거나 미리 보호하지 않으면 습기로 인하여 기초나 고막이부분의 목재가 부패되거나 불길에 의해 손상된다. 네 칸 방을 한 아궁이로 사용하는 경우는 기둥이 방 중간에 서는 경우가 있는데 이때 고래부분에 접한 기둥은 썩거나 불길에 의하여 손상될 수 있다. 이러한 부분은 기와나 판석을 이용하여 보호해 주어야 한다.

시근담과 하인방이 만나는 지점은 고우면서 마른 마사토를 다져 넣어 연기가 새는 것을 방지하고 열 전달을 막으며 습기나 열로부터 하인방과 기둥을 보호하도록 해야 한다.

03. 수평 먹놓기

전통미장에서는 구들공사와 미장공사가 구분되지 않고 미장공사에 속하였으나 요즘은 점점 구분돼 가는 추세다.

바닥의 정벌작업을 위해서는 마감선을 정하여야 한다. 구들공사는 미장마감을 고려하여 고래둑 높이나 부토 조절로 마감선을 결정하게 된다. 이때 계속해서 사용하는 구들인 경우는 두께가 어느 정도 두꺼운 것이 좋지만, 가끔 사용하는 경우는 구들이 두꺼우면 바닥을 따뜻하게 하는 데 시간이 오래 걸리게 된다. 구들을 놓는 사람은 이러한 상황을 고려하여 작업을 해야 할 것이다.

마감선의 기준은 특별한 경우를 제외하고는 문지방이나 문지방 아래를 기준으로 한다. 이것은 문을 열고 닫을 때 바닥에 걸리지 말아야 하며 문지방 밑을 채워 막는 기능도 한다.

장판 마감일 경우 문지방 상부에서 약 2~3cm 내려서 표시를 하고 그 부분을 기준으로 미장마감 먹선을 놓아야 한다(문화재 수리의 경우는 원형대로 작업해야 한다.). 단, 방바닥에 마루를 깔거나 멍석 등 기타 마감을 할 때에는 그 두께만큼 여유를 주어야 한다.

먹선을 하인방이나 걸레받이에 놓을 경우 먹으로 인해 오염되지 않도록 해야 하며 필요에 따라 종이테이프를 붙이고 위에 먹을 놓거나 가는 못으로 수평을 표시할 수도 있다. 가는 못을 박아 놓는 것은 작업 시 미장재료에 먹선이 묻어 작업이 어려운 경우에 도움이 된다.

04. 초벌

바닥의 초벌미장을 하기 전에 먼저 구들의 상태를 점검해 두는 것이 좋다. 구들장의 움직임이 있으면 수정 고정하여야 하고 연기가 새는 곳이 있으면 굄돌을 수정하거나 거미줄 치기를 다시 해 조치하여야 한다. 구들작업 후 거미줄 치기와 부토깔기, 초벌미장은 구들공사에 포함되는데 일산화탄소 발생으로 인명 피해가 발생하지 않도록 해야 하기 때문이다.

최근에는 구들작업과 미장작업을 구분하면서 책임 소재가 불분명해 지는 경우를 종종 볼 수 있다. 그런데 미장마감으로 연기를 잡는다고 생각하는 것은 잘못된 생각이다. 일산화탄소 등 연기가 새어 발생되는 피해는 인간의 생명과 관련되어 매우 중요하기 때문이다.

마감선이 정해지면 재벌·정벌마감을 고려하여 2~3cm 정도 남기고 초벌을 한다. 이때에 아랫목은 윗목보다 두껍게 되므로 부토작업으로 어느 정도 수평을 잡

구들장 확인작업(창덕궁 수강재)

세침작업 중의 모습

세침 후의 모습(서오릉)

초벌 후의 모습(강릉 선교장)

아야 하지만 점검하여 수평이 잡히지 않았으면 초벌에서 수평작업을 해야 한다.

함실장 상부는 두껍게 되므로 흙을 채우면서 깊은 곳은 돌이나 와편을 넣어 주면 바닥의 안정으로 수축·균열의 예방효과와 축열효과가 있다.

05. 재벌

초벌미장의 바닥 상태를 관찰하여 균열이 진행되지 않을 정도로 건조되면 재벌 미장을 한다.

문화재나 기존 건축물은 창건 당시 정하여진 수평에 맞추어 마감선을 설정하면 된다. 그러나 신축 건물인 경우는 기능과 용도에 따라 달라질 수 있기 때문에 마감선을 설정하는 일은 매우 중요하다. 마감의 두께에 따라 난방의 효율성이나 사용상의 기능·미관에 많은 영향을 미치기 때문이다. 신축의 경우 마감선은 건축

주의 의견이나 도편수의 의견을 들어 정하는 것도 좋은 방법일 것이다.

출입문이나 기능·용도에 따라 바닥 마감의 기준을 정하고 먹선놓기를 한 다음, 그 기준에 따라 재벌바름을 한다. 재벌바름을 할 때는 흙에 여물을 넣어 반죽하여 틈이 메워지도록 눌러 발라야 한다. 이때 재벌바름의 두께는 20mm 정도로 하여 정벌바름의 두께만큼을 남기고 수평이 되게 바른 후 면을 거칠게 해 두고 약한 불로 구들 말리기를 하여야 한다.

흙의 점성이 높아 균열이 생기기 쉬우므로 마사토나 모래를 넣어 반죽하여야 하는데, 모래나 마사토가 많으면 균열은 생기지 않지만 방바닥의 강도가 작기 때문에 적정량을 넣어야 한다.

흙의 분말도나 물성이 지역마다 다르기 때문에 마사토나 모래의 양을 정량적으로 기록하기는 어려움이 있다. 실제 문경의 황토와 고창의 황토를 비교해 보면 모래나 마사토 가미량이 1~4배까지 차이가 나므로 정량적으로 배합률을 정하기는 어렵다. 더 넓게 보면 같은 문경의 흙이나 고창의 흙이라도 또 편차가 있기 때문이다.

마사토나 모래를 섞은 흙에 짚여물(20~30mm), 삼여물을 배합하여 사용하면 균열 예방에 도움이 된다. 특히, 시근담 주변이나 불길이 가지 않는 부분은 여물이 부패될 수 있으니 주의하여 관찰해서 잘 건조되지 않는다면 인위적인 방법을 써서라도 건조시켜야 한다.

06. 정벌

구들의 상태는 정벌미장 전에 미리 점검해 두는 것이 좋다. 구들장의 움직임이 있는지 점검하고 문제가 있으면 수정 고정하여야 하고 연기가 새는 곳이 있으면 조치해야 한다. 현재는 온돌공과 미장공을 구분하기 때문에 작업자들 간에 견해가 다를 수 있으므로 작업 연속성에 공백이 없도록 해야 한다.

바닥의 정벌은 재벌 바닥이 건조되어 더 이상 균열이 발생하지 않을 정도로 건조된 후에 하는 것이 좋다. 바닥 재벌면이 건조되지 않은 상태에서 정벌을 하면 재벌면이 건조·수축되면서 정벌면도 균열이 생기기 때문이다.

바닥의 정벌은 사용 용도에 따라 다르지만 일반적으로 사벽마감을 기준으로 하고 풀을 첨가하기도 한다. 황토에 마사토나 모래·풀을 배합하면 되고, 여물은 필요한 용도에 따라 삼여물이나 종이여물을 사용한다. 바닥의 강도가 필요할 경우

바닥 정벌

바닥 미장의 하자 모습 1

바닥 미장의 하자 모습 2

바닥 미장의 하자 모습 3

는 모래나 마사토 비율을 적게 하면 되는데 황토 비율이 많으면 정벌한 바닥의 균열 발생의 가능성이 크므로 모래의 조립률에 따라 배합률을 정해야 한다. 모래나 마사토는 입자가 가는 것보다 굵은 것이 작업성이나 구조적 안정성이 좋다. 그러나 마감면이 거칠어질 수 있으므로 굵은 것과 가는 입자가 고루 섞인 것이 좋다.

바닥 정벌용 반죽이 질면 수평작업이 어려우므로 접착력과 수평작업을 고려하여 반죽의 질기를 정해야 한다. 반죽이 질면 작업 당시에는 수평작업이 쉽지만 흙의 수축 변동이 심하여 결과물은 울퉁불퉁하게 된다. 반죽이 질면 수평 잣대 작업 시 정밀한 바닥 시공이 어려우므로 수축 변동이 심하지 않은 반죽 질기로 하는 것이 좋다.

그리고 바닥에 생포를 씌워 견고하게 하면 균열 예방을 할 수 있다.

바닥의 바름은 문지방이나 문지방 아래에 기준을 잡고 하인방이나 걸레받이부분을 한 번의 작업 폭만큼 먼저 돌려 기준을 잡아 수평작업을 하고 가운데를 채워 마감을 한다.

바닥 마감 후 약한 불로 말리기를 하면서 계속 관찰하여 잔균열이 생기면 흙손으로 눌러 주고, 눌러 주는 때를 놓쳐 흙손으로 눌리지 않으면 처음에 반죽할 때 사용한 풀물을 사용해 균열부분에 솔질을 하면서 문질러 준다. 시멘트나 수경성 재료가 아니고 기경성 재료이므로 마른 후에도 작업은 가능하나 마르기 전에 하는 것보다 품질은 좋지 않다.

기타 수장작업 시 파손되지 않도록 보양 관리해야 한다. 요즘은 흙미장의 이해가 부족하여 시멘트미장으로 오해해 흙미장의 면을 파손시키는 경우가 자주 있기 때문이다.

4장

화방벽, 굴뚝, 석회다짐, 줄눈, 담장

화방벽이나 담장 쌓기, 석회다짐, 굴뚝공사, 줄눈공사 등 건축물의 외적인 부분에 대한 작업도 많다. 이와 같은 작업은 기능적 측면 외에 심미적 측면을 고려한 것으로 장인들이 많은 노력을 기울이는 작업 부분이다. 이 장에서는 여러 가지 문양을 넣거나 의미를 부여해, 사용하는 사람의 심리적인 측면까지 고려한 일이라고 볼 수 있는 여러 작업 기술에 대해 살펴본다.

1 화방벽

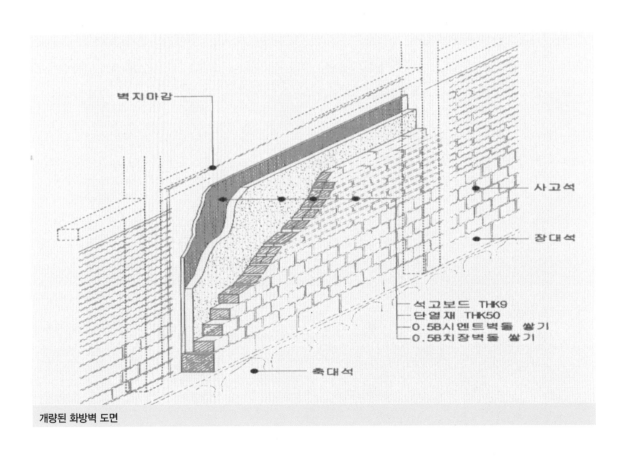

벽지마감

사고석

장대석

석고보드 THK9
단열재 THK50
0.5B시멘트벽돌 쌓기
0.5B치장벽돌 쌓기

축대석

개량된 화방벽 도면

담장 용지판

기와 용지판 화방벽

궁궐의 반담 혼합식 화방벽

화방담

화방벽은 방범·방화·방수·단열·꾸미기 등의 목적을 가지고 기존의 벽에 붙여서 쌓고, 기와·사고석·막돌·전돌 등을 황토나 회반죽·회사반죽을 사용하여 시공한 것을 말한다.

그런데 한옥보존마을을 지정하면서 보급한 화방벽의 설계도면을 보면 내부에는 석고보드를 쓰고 단열재로 스티로폼을 쓴 것을 알 수 있다. 이와 같이 스티로폼이나 석고보드를 써서 시공한 것을 전통적인 한옥이라 할 수는 없다.

화방벽은 온담과 반담으로 나눈다. 온담은 벽면 전체를 쌓는 것을 말하며, 반담은 중방 정도 높이의 벽면에 담을 축조하는 것처럼 시공하는 것으로 화방담이라는 표현을 쓰기도 한다. 특별한 경우를 제외하고는 반담으로 쌓는 것이 보통이다.

화방벽은 내부에서 초벽을 치고 건조시킨 후 바깥벽에 부축하여 시공한다. 화방벽재료로는 사괴석이나 이괴석 또는 호박돌·전돌·와편 등을 사용한다. 화방벽 기초석에서 10~20mm 정도 들여쌓기 시작하고 위로 가면서 점차 줄여 주는 것

전돌로 쌓은 반담

토석으로 쌓아 올린 화방담

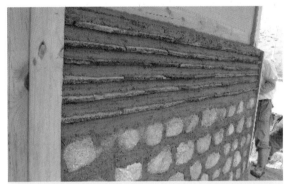
막돌·와편의 혼합담

온담

이 구조적으로 안전하고 시각적으로도 안정감을 준다. 이렇게 줄여 쌓기를 하기 위해서는 용지판 설치 때 미리 줄인 모양의 용지판을 설치하여야 한다.

화방벽을 쌓을 때 회사반죽이나 진흙은 된 반죽을 하여 질지 않게 해야 한다. 반죽이 질면 돌이나 전돌에 석회나 흙칠이 되어 오염되고 처짐으로 인하여 원하는 모양대로 쌓을 수 없기 때문이다. 합각벽을 쌓을 때와 같이 쌓는 흙에 힘을 가하지 않는 상태에서 모양의 변형이 없는 정도로 된 반죽을 하는 것이 좋다.

화방벽이 건조되면서 용지판과 화방벽이 분리되는 현상이 많은데 용지판에 못을 걸어 화방벽에 물리도록 해야 한다. 또한, 용지판 두께는 기능과 용도에 따라 다르지만 30mm 이상은 되어야 변형이 생기지 않는다. 작업 전에 용지판이 견고하게 고정되었는지 살펴보고 약하거나 움직이면 보강해야 하며, 용지판은 하부는 넓게 하고 상부로 가면서 줄여 주어 안정감을 주도록 한다.

화방벽을 쌓는 높이는 재료에 따라 다르지만 전돌의 경우는 하루에 1.2m 정도를 기준으로 한다. 석재나 전돌의 무게로 인하여 쌓는 석회반죽이나 흙반죽이 처

전돌로 화방벽을 쌓는 모습

전돌로 쌓은 화방벽

사고석으로 쌓은 화방벽

토석으로 쌓은 벽체 겸용 화방벽(제주도)

석담 겸용 화방벽

와편 화방벽

지지 않도록 해야 변형이나 무너짐이 생기지 않는다.

와편 화방벽은 와편이 20~30mm 정도 나오게 하면 빗물이 들이치는 부분에 유리하다. 와편 담장은 진흙이나 삼화토로 쌓는다. 쌓기 전에 줄눈나누기를 해야 하는데, 줄눈은 상부 마감을 기준으로 나누어 줄눈의 폭이나 매수를 정하도록 한다. 줄눈의 간격이 너무 좁으면 조잡하여질 수 있으며, 간격이 넓으면 쌓아 놓은 상태에서 처짐으로 인해 변형되기 쉽고 균형이 맞지 않고 허전하다. 줄눈의 폭은 3~5cm면 적당하다.

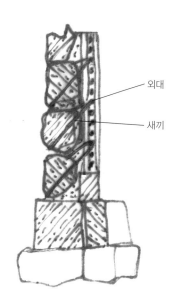
외대
새끼

와편만을 이용하여 화방벽을 쌓는 경우도 있지만, 아랫부분은 막돌이나 사고석을 쌓고 상부에 5켜 정도만 와편을 쌓아 마감하는 혼합식도 있다. 궁궐건축에서도 아래는 사고석, 상부에는 전돌(磚石)로 쌓는 혼합식이 많이 있다. 중방부분의 돌출부분 상부는 삼화토로 비스듬히 물매를 잡아 마감하여 빗물이 들이치면 흘러내릴 수 있도록 해야 한다.

사고석이나 막돌로 화방벽을 쌓을 때는 새끼줄로 돌을 감아올려 중깃이나 외대에 걸어매어 처짐이나 넘어짐을 방지해야 한다. 쌓는 재료가 굳으면 사고석이나 막돌이 안정된다. 화방벽을 쌓을 때는 물 걷히는 것을 보아 15~30mm 정도 깊이의 줄눈을 파 둔다.

반하방 쌓을려면 기둥 좌우 쪽으루 용지판이라구 널빤지를 붙이구 못 줘. 그것두 얇다르면 안 돼. 널빤지가 얇으면 그놈이 말르면 들구 나와. 하불상 치 닷 푼은 되지. 뚜꺼우며는 이놈이 말르드래 두 자빠지지 않거든. 용지판두 두둑해야 하구 또 흘려야 하구 그렇지. 반하방 용지는 닷 푼씩 흘려. 꼭대기가 오 푼이 좁게 맨들구 또 종보 용지라구—박공 쪽에는 꼭대기꺼정 올라가는 걸 종보 용지라구 그러는데— 그건 꼭대기가 아랫도리보담 한 치가 좁아야 해. 그렇게 흘리는 거야. 그래 용지판 대구 거기다가 새끼루 감아서 쌓기두 하구, 용지판 안 대면 돌멩이를 감아서 헐 수두 있구 그래. 그런데 사고석이 아니구 나쁜 돌 아무렇게나 줏어다가 쌓는 거는 윗가지 구녕이 사람의 손 이 들락날락하도록 넓어야 해. 어째 그렇느냐 하며는 돌멩이를 이렇게 쌓아 올려 놓으면 그냥 두 며는 뭉그러지걸랑. 그렇기 때민에 가는 새끼루 돌멩이에 얽어서 윗가지에 또 얽어야 돼. 돌멩이 한 줄 죽 놓구는 새끼루 얽어서 잡아 빼야 한다 말이야. 그래야 튼튼허지 그냥 쌀 수는 없거든. 삼물이라구 그냥 벽돌 놓구 양회삼물을 놓구 쌓으면 고만이지만 이 진흙으루 허는 거는 안 돼, 그렇기 때민에 아랫도리. 하방 허는 데는 윗가지 구녕이 넓어야 허구 꼭대기 벽치는 데는 윗얽는 것이 좁아야 한다 말이야. 아랫도리는 손이 들락날락해야 거기다가 새끼를 헐어서 손으루 잡아 빼걸랑. 꼭대기, 돌멩이 안 쌓는 데는, 벽만 치는 데는 새가 좁아야 흙이 들어가 붙는다 이거야. 그래 아랫도리는 돌멩이 한 줄 족 놓구 새끼루 얽구 또 하나 족 놓구 새끼루 얽구 그러지. 그렇게 고대루 쌓구 면회를 하걸랑. 할게루 발르구 모두 면노리허구 그러는 거지.[1]

1 배희한 구술. 《이제 이 조선톱에도 녹이 슬었네》. 뿌리깊은나 무, 1992.

사고석이나 막돌을 새끼로 외대나 중깃에 묶음

새끼로 묶음 상세

_2 방전 및 전돌 깔기

전돌깔기는 위치와 기능을 구분하여 습식깔기와 건식깔기 중에서 선택해야 한다. 전돌은 물매가 필요한 경우 측구나 배수시설 방향으로 약 1/50 정도로 한다.

전돌깔기용 모래는 바닥에 포설 후 물을 뿌려 축축한 상태에서 잘 다지며 구배를 맞추고 모래 평탄작업을 하여 그 위를 다니지 않은 상태에서 방전이나 전돌을 깐다.

전돌은 기준점에서 시작하고 마무리부분은 가공하여 마감한다. 특히, 초석과 기단 고막이부분에 접하는 곳은 그렝이질을 하고 재단하여 밀착시킨다. 전돌깔기는 보통 맞댄 통줄눈으로 많이 하며 줄눈 너비가 6mm 이상일 때는 줄눈재료를 만들어 줄눈을 넣어 주어야 한다.

보통 방전에는 문양이 있는데 방전의 문양이 방전을 깔아 가는 방향과 어긋나는 문제가 없는 경우도 있지만 방향을 맞추어야 할 경우는 세심한 주의가 필요하다. 구부재와 신부재를 같이 사용할 경우는 여러 가지 환경을 고려하여 한쪽으로 몰 것인지 마구 섞을 것인지 계획해 작업하여야 한다. 이때 문화재 보수·복원은 창건 당시의 기법을 기준으로 해야 한다.

_3 담장공사

01. 개요

담장의 본래 목적은 외부와의 경계를 하거나 외부인 침입을 막는 것이지만 기능과 재료에 따라 세분해 보면 그 종류가 다양하다.

첫째, 기능에 따라 나누면 경계와 외부 침입을 막는 경계담장이 있고 안면담(차면담), 내외담, 화문담, 영롱담, 차음담, 소통 또는 관찰을 하는 구멍담 등이 있다.

둘째, 사용재료에 따라 나누면 널로 만든 판장, 사고석으로 쌓은 사고석담장, 기와로 쌓은 와편담장, 흙을 다져넣은 판축담, 흙벽돌로 쌓은 흙벽돌담장, 흙과 막돌로 쌓은 토석담장, 흙으로 쌓은 토담, 구운 전돌로 쌓은 전담, 여러 재료를 혼합하여 쌓는 혼합식 담장 등이 있다. 흙과 석회를 다루거나 섬세하게 모양을 내는 일은 미장작업 분야에 속하기 때문에 담장공사는 큰 돌을 제외하고는 미장공이 담당하는 작업이다.

담장 상부에 기와를 잇는 와편담·전돌담·사고석담·토석담·토담·판축담의 경우 기와 높이를 제외하고 담장 높이만 1.5m 이하일 때 하부 폭은 60cm, 상부 폭은 50cm 정도가 적당한데, 최소한 45cm 이상은 되어야 기와잇기가 편리하다. 아래 폭보다 상부로 가면서 좁아지는 것이 안정감을 줄 수 있으며 담장의 높이가 1.5m 이상 높아지면 아래 폭도 늘어나야 된다.

돌쌓기를 할 때는 하부에는 큰 돌을, 상부로 가면서 점차 줄여 주어 안정감을 갖도록 해야 한다. 뒤채움에 있어 잡석·진흙·와편·삼화토 등으로 빈틈없이 사춤을 하여 공극이 없도록 해야 하며, 돌만으로 쌓는 돌담에서는 사춤 자체를 돌로 하기 때문에 흙이나 강회 등으로 별도의 사춤을 하지 않는다. 돌로만 쌓은 담장은 담장 지붕이 없이 자연 배수가 되기 때문이다. 기초부분은 동해 방지를 위하여 강회다짐과 지대석 놓기를 하고, 면석은 보통 지대석보다 50mm 안으로 들여 쌓고, 뒤 뿌리가 있는 돌을 2~3켜마다 쌓아 안전하게 해야 한다. 면석을 쌓을 때는 뒤 뿌리가 긴 것과 짧은 것이 서로 교차되도록 해야 한다.

쌓기 담장의 경우 하루에 쌓는 높이는 담장재료의 무게에 의하여 쌓는 반죽이 처지는 현상이 발생되지 않는 범위에서 정해야 하며 판축담의 경우 한 켜 다짐을 30cm 이내로 한다. 토담·토석담이나 판축담은 비를 막을 수 있게 기와나 이엉지붕을 해야 한다. 판축기법은 흙과 마사토를 이용한 토사판축, 흙과 마사토에 자갈을 섞은 토석판축, 흙을 섞은 마사토와 자갈을 번갈아 가며 다지는 교전판축기법을 적용한다.

담을 쌓을 때 흙이나 석회가 나무에 직접 닿을 경우는 용지판을 대어 주어 나무의 부식을 막고 모양도 좋게 한다. 필요한 경우 기와나 방전·전돌을 사용하여 통풍을 좋게 해 목재 부식을 막을 수 있다. 담을 쌓을 때 정면과 측면이 곡면으로 이어질 때는 충단을 같게 하는 것이 일반적이다. 그러나 이것도 문화재 보수 때에는 원형, 즉 창건 때와 같은 방식으로 하도록 해야 할 것이다.

02. 전돌쌓기

전돌에는 여러 종류가 있다. 현대에 와서는 규격화한 전돌이 생산되지만 과거에는 부정형 전돌이 많았다. 구부재인 전돌을 사용할 경우 쌓거나 줄눈 미장용 재료들을 깨끗이 청소해 주어야 한다. 전돌이 심하게 오염된 경우는 일일이 쇠솔을 이용하여 문질러 주며 물청소를 해 건조시켜야 한다.

전돌을 쌓는 기법은 일반 조적공사 기법과 같지만 재료 사용과 보양에 있어서는 다르다. 특히, 보양은 문화재 수리 표준시방서에는 12시간 동안 하중 및 충격을 주지 않아야 하고 3일 동안 집중하중을 받지 않도록 규정돼 있다. 하지만 재료가 기경성 재료인 만큼 일률적으로 시간과 날짜를 정하는 것은 부적합하다고 본다. 강회다짐에서 설명한 바와 같이 장마철에 전돌쌓기를 하였다면 시간과 날짜를 일률적으로 정해 계산하여서는 안 된다. 수경성 재료인 시멘트를 사용한 공사에서 동절기

와편으로 쌓은 내외담(차면담)

소통담

돌담

토석담

무시무종무늬의 사고석 혼합담

사고석담

계단식 담

기와를 얹은 판축담

이엉을 이은 판축담

수해를 입은 와편담장

감시구가 있는 담장

완자무늬의 와편담장

건식 영롱담장

리듬무늬의 담장

12지신 담장

십장생도 담장

도자서체 꽃담

석쇠문양 담장

전돌담장

여장

주미대한제국공사관 담장

아르헨티나 한국문화원 담장

에 일정 온도 이하가 되면 재령일수에 포함시키지 않는 것과 같이 생각할 수 있다.

재료 배합은 마사토 1~2 대 석회 1 비율로 한다. 비율은 전돌과 줄눈의 크기에 따라 달라진다. 줄눈은 전돌의 크기와 기법에 따라 달라지는데 면회줄눈이 아닌 경우는 10~20mm로 하고, 면회줄눈인 경우는 20~50mm가 보통이다. 숭례문과 흥인지문의 여담이 그 사례가 될 수 있다.

필요에 따라 줄눈이 작은 경우나 맞댄줄눈을 하고 뒤채움공법을 하기도 하는데, 이때는 마사토 비율을 줄여 부배합으로 하고 줄눈 모양은 맞댄 모양이지만 뒷면에는 쌓기용 반죽으로 쌓아야 한다. 그 사례가 궁궐건축의 화초담 아미산 굴뚝공사가 될 것이다.

벽돌을 쌓을 때는 일체성과 미관, 질감을 위하여 벽돌면을 갈아서 시공할 수 있다.

전돌쌓기용 기준 틀을 세우고 수평을 보는 것은 일반 조적공사와 같이 하지만 최초의 첫 단 전에 바닥 수평을 잡아야 하는데 시멘트모르타르로 쌓는 것처럼 깊은 곳을 회사반죽으로만 채워서는 안 된다. 회사반죽으로만 하게 되면 초기 강도가 약하기 때문에 처짐현상이 생기기 쉬우므로 잡석이나 깨진 전벽돌을 이용하여 회사반죽 또는 삼화토로 같이 채워 수평을 잡아야 한다.

하루에 쌓는 높이는 재료와 규모에 따라 다르므로 처짐이나 밀려나지 않는 범위에서 작업해야 한다. 보통 하루에 쌓는 높이는 1.2m 정도를 기준으로 하지만 그 기준에 구속되어서는 안 된다. 이것이 시멘트모르타르 조적과 다른 점이다. 여담과 같이 속채움이 있는 경우 속채움 다짐으로 인하여 밀려날 가능성이 크므로 굳기 전에 너무 높게 쌓게 되면 밀려나 변형이 생기기 쉽기 때문이다.

겹담을 쌓을 때는 속채움을 하여야 하는데 속채움이라고 빈 배합을 해서는 안 된다. 전돌을 쌓는 배합비를 같이 하고 속채움에 깨진 전돌이나 주먹만한 잡석을 쌓는 재료와 같은 재료로 같이 채워 주면 좋다. 겹담의 경우 연결 철물(동선)을 이용하여 겹담을 서로 연결시켜 주면 담장의 변형을 방지할 수 있다.

전돌쌓기가 끝나면 줄눈파기를 해 두는데, 줄눈파기는 줄눈의 폭과 형태에 따라 달라진다. 줄눈 폭이 크면 깊이를 깊게, 폭이 좁으면 깊이를 얕게, 폭과 비례하여 줄눈파기를 한다. 줄눈파기를 할 때 파는 면이 매끄럽지 않게 해야 줄눈 시공 시 탈락을 예방할 수 있다.

줄눈파기가 끝나면 회가 묻은 것은 즉시 제거한다. 이때 물솔을 이용하여 닦아 내는 경우가 있는데, 물이 묻었을 때는 깨끗해 보이지만 마르면 석회색이 나타나기 때문에 깨끗한 물로 재벌닦음을 하여야 한다. 그러므로 전돌을 쌓을 때 오염되지 않도록 주의하여야 하며 오염된 것은 마른 솔을 이용해 털어 내고 부득이한 경우만 물솔로 청소한다.

03. 전통문양

문양을 쌓거나 만들어 붙일 때는 먼저 어떤 목적과 의미를 가지고 작업을 할 것인지 계획해야 한다. 단순히 담장의 기능이나 구조에만 목적을 둔다면 미적인 면이 소홀해질 수 있고 내면에 가지고 있는 의미가 없어진다. 구조·기능·미를 살리면서 철학과 의미를 부여한다면 더 훌륭한 작품이 될 수 있는 것이다.

의미에 따라 문양의 종류를 나누면 운기(運氣)문양, 길상(吉祥)문양, 초복(招福)문양, 장수(長壽)문양, 벽사(辟邪)문양 등이 있다. 따라서 미리 큰 주제를 정하고

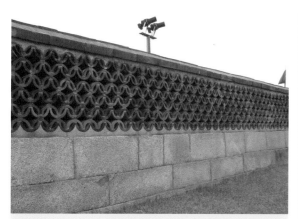

영롱담 1

창덕궁 만월문

덕수궁 유현문

그 주제에 맞는 구체적인 문양을 만들거나 전돌을 쌓아 원하는 문양을 만드는 작업을 하면 될 것이다.

전통문양은 건축의 3요소라고 하는 구조(構造), 기능(機能), 미(美)만을 강조하여 인간에게 보여 주고 활용하기 위한 목적에서 벗어나 그 이상의 세계를 의미하고자 했으며, 나아가 신에게 가까이 다가가려는 기원을 담고 있다고 할 것이다. 예를 들어 학이 불로초를 물고 있는 문양은 천 년을 사는 학에게 불로초를 물고 있게 하여 장수(長壽)하고자 하는 인간의 무한한 욕구를 표현했다고 할 것이다. 이것은 이상적 삶을 살고자 하는 인간의 기원을 담고 있다.

현대에 와서는 이러한 문양을 종교적 의미로만 해석하여 배척하려는 사람과 전통문양의 의미를 신성하게 생각하고 예술적 가치로 보고 계승·보급해야 한다는 생각이 양립되는 경우도 있다. 한옥공사를 하다 보면 전통문양을 기독교적 사고에서 접근하여 배척하려는 사람도 종종 볼 수 있다. 반대로 전통문양을 기독교적 상징 문양으로 바꾸려고 하는 경우도 있으니, 이 또한 문양을 통하여 신에게 가깝게 가려고 하는 인간의 욕구는 시대와 이념적 차이가 있을 뿐 같은 맥락으로 이해할 수 있을 것이다.

이러한 전통문양은 담장이나 건축물에서 한정된 것은 아니었고 숟가락이나 그릇에도 수(壽), 복(福), 강(康), 녕(寧)자를 넣는 등 우리 조상들의 생활 가운데 깊게 자리 잡고 있었다.

04. 영조물(營造物)문양

영조물문양은 건축물 자체를 꾸미기 위하여 여러 가지 문양을 넣어 치장한 것을 말한다. 사례를 보면 전돌로 쌓은 전축문(塼築門)이 있고, 덕수궁의 유현문(惟賢門)도 석재와 전돌을 쓰고 있다.

창덕궁의 만월문(滿月門)은 보름달처럼 탐스럽다하여 만월문으로 불리는데 문지방은 석재로, 윗부분은 전돌로 만들어졌다. 특히, 문지방은 전돌로 했을 때 약하다는 점을 고려하여 석재 중 화강암을 사용해 우리 선조들의 지혜를 엿볼 수 있다.

이렇게 우리 조상들은 영조물 자체를 하나의 문양으로 의미를 두고 건축하였으니 우리는 이것을 작품으로 바라보고 이해하는 넓은 안목이 필요하다. 작업을 하는 장인들도 단순히 일의 성과에 대한 목적보다는 작품을 만든다는 입장에서 접근해야 할 것이다.

05. 만자문양

일부에서는 만자(卍字)문양을 절이라고 하는, 즉 불교적 사상만으로 해석하기도 한다. 이러한 태도는 천부경에 나오는 '만왕만래용변부동본(萬往萬來用變不動本)'를 의미한다고 하여 불교적 사고라고 국한해 의미를 부여하는 것으로, 이는 옳지 않다고 생각한다. 만약 만자문양에 불교적 의미만 담겨 있다면 조선시대 궁궐의 만자문양은 당시의 숭유억불정책과도 맞지 않다. 만자문양이나 무시무종은 불교적 사상을 넘어서 우리 인간의 보편적 철학 사상으로 접근하려는 의도로 보이기 때문이다.

만자문양의 기본은 7×7=49 기법을 기준으로 할 수 있다. 가로세로 정사각형으로 7칸을 만들고 'ㅜ, ㅓ, ㅗ, ㅏ'를 만들면 남은 부분은 자연히 만자문양이 형성된다. 즉, 표(表)와 과(裏)의 무늬가 같이 나타나게 되는 것이다.

여기서 표(表)는 울(우주), 얼(정견), 올(정의), 알(핵심)을 의미하고 가운데 나타난 과(裏)는 만자문양이 형성되는데 불교에서는 과(裏)를 요체로 보려 하였다. 우리 전통건축에서는 표(表)와 과(裏)를 다 채택하려는 사고가 보인다.[2]

2 신영훈 · 조정현 《한옥의 건축도예와 무늬》, 대한건축사협회, 1990.

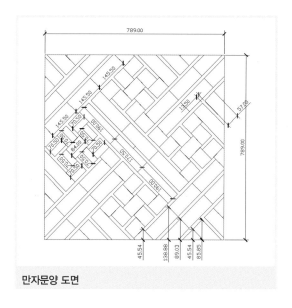

만자문양 도면

06. 무시무종문양

무시무종무늬는 일종무종일(一終無終一)이라고도 한다. 붓으로 한 번 긋기 시

만자문양 쌓기 1

만자문양 쌓기 2

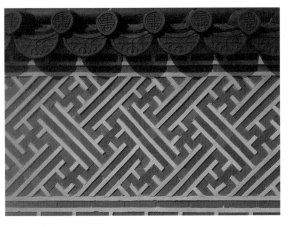

완성된 만자문양 1

완성된 만자문양 2

경복궁 만자문양

창덕궁 승화루 만자문양

작하면 끝이 없어 무궁무진하다는 뜻이며, 시작도 끝도 없다는 것이 무시무종(無始無終)이다. 윤곽을 이룬 무시무종은 만세장수를 뜻하며 영구하다는 뜻이다. 무시무종의 무늬는 보통 담장의 테두리를 장식하는 문양이고, 가운데는 보통 다른 문양을 넣어 조화를 이루게 한다. 여기서는 화장줄눈이 무늬가 아니고, 전돌이 무늬가 되어 연결된다.

창덕궁 낙선재 후원 담장의 무시무종무늬는 내구에 원륜(圓輪)을 연환(連環)시켜 연환된 상태에서 다시 반원을 더해 원륜 내에 네 개의 잎이 있는 모양으로 돼 있다. 여기에서도 표(表)와 과(裏)가 같은 결과를 가져온 것이다.

07. 석쇠문양

석쇠문양[귀갑(龜甲)문양, 거북등문양, 귀쇄(龜鎖)문양, 격자문양]은 나쁜 귀신 등 사악한 것의 접근을 막는다는 의미의 문양이다.

다시 말해, "예로부터 전염병은 역귀(疫鬼)의 소행이라고 믿었고, 역귀를 물리치는 기양법(祈禳法)도 여러 가지가 있었다. 1577년(선조 10) 봄 조선 전역에 문둥병이 심했을 때에, 민간에서는 독역신(毒疫神)이 내려 왔기 때문이라고 믿고, 이를 쫓는 데에는 오곡밥을 먹어야 한다고 하여 잡곡 장사를 하여 큰 돈을 번 사람도 있었다. 또 소를 잡아 생피를 대문에 칠하면 역신이 물러간다고 하여, 소를 잡는 일이 많아 왕이 명을 내려 이를 금지시키기도 하였다."라는 기록으로 보아도 전통 문양은 제약된 현실을 벗어나서 보다 풍요하고 복된 삶을 추구하는 인간의 욕구가 표현된 것이라 할 수 있다.

08. 도자벽화 만들기

꽃담은 도자벽화나 여러 가지 무늬로 치장하여 쌓은 담을 말하는데, 화문장·화초담이라고도 한다. 대표적 예로 경복궁 자경전의 꽃담, 보물 제810호인 경복궁 자경전의 십장생굴뚝, 창덕궁 후원의 담장을 들 수 있다.

이러한 꽃담은 흙을 반죽하여 문양을 만들고 구워서 시공하는데, 도예원이나 도자기를 만드는 사람들에게 의뢰해서 만들고 붙이거나 쌓는 작업만 하는 경우와 꽃담을 시공하는 사람이 직접 만들어 시공하는 방법이 있다.

담장 시공자가 직접 도자벽화를 만드는 것이 유리한데, 그 이유는 실제 시공했을 때 결과물의 완성도를 높이고 설치작업 과정에서 나타는 문제를 최소화할 수 있기 때문이다.

이러한 문제는 문양을 소성하여 설치할 때의 규격이 실제 소지의 종류에 따라 다르고 소성온도, 조각 당시의 소지의 수분 상태가 실제 결과물의 크기와 관계가 많기 때문이다.

또한, 시공 장소의 환경과 작업방법이 도자벽화 완성도에 미치는 영향이 크기 때문에 담장 시공자가 직접 제작하여 시공하는 것이 하나의 작품으로 볼 수 있어 바람직하다고 할 것이다.

길상문양

석쇠문양, 귀갑문양

벽사문양

창덕궁 만월문 문양

(1) 흙(소지) 구입

흙은 종류가 다양하므로 천연 색채의 문양을 얻기 위해서는 문양에 따른 소지의 선택이 매우 중요하다. 가마에서 소성한 후 환원 상태에서 본래 소지가 가지고 있는 특징의 색을 얻기 위해서는 문양의 요소요소마다 다른 소지를 사용하여야 한다. 즉, 얻고자 하는 색을 고려하여 청자토·분쇄토·옹기토·분청토·백자토 등 필요한 요소에 맞게 흙을 선택해서 사용하여야 한다.

(2) 도안 만들기

구상하는 문양을 종이나 천에 그린다. 이때 소성 후 설치할 크기보다 크게 그려야 하는데 소지의 종류와 도판 당시 흙의 수분 상태, 소성온도를 고려하여 확대 비율을 결정해야 한다.

보통 도판 위에 도안을 놓고 눌러 복사할 정도의 도판 소지의 수분이라면 10~15% 정도 확대하면 되는데, 이 범위는 소지의 종류와 소성온도에 따라 달라진다. 흙마다 또는 소성온도에 따라 소성 후의 결과물이 달라지기 때문이다.

도안 만들기

특히, 문화재 보수에 있어서는 원형보존이라고 하는 원칙이 강조되므로 가능한 한 크기와 모양을 원형에 가깝도록 해야 문화재에 내재된 진정성을 살렸다고 할 것이다.

(3) 소지의 도판작업

도자벽화는 벽돌로 쌓는 경우도 있고 붙이는 방법이 있다. 즉, 벽돌에 문양을 넣어 시공하는 조적방법이 있고 도자기판(타일)을 붙이는 방법이 있다.

도판작업은 작품의 크기에 따라 달라진다. 크게는 600×900mm 정도가 가능하지만 클수록 파손이나 변형의 위험이 있으므로 문화재의 경우 원형을 훼손하지 않는 범위에서 규격을 작게 하는 것이 유리하다. 도자기판을 이어 붙이기를 하여 외관상 문제가 없으면 작게 하는 것이 건조 시

도판 만들기

또는 소성 시 변형이나 파손이 적기 때문이다.

최근에는 도판기가 개발되어 기계화되었지만 여기서는 전통방법을 설명하고자 한다.

도자기판을 만들기 위해서는 두께 30mm 정도에 가로 450mm, 세로 600mm 정도의 도판틀을 만들고 잘 반죽된 소지를 틀 위에 놓고 홍두깨로 밀어 도판을 만든다. 가로×세로의 크기는 도자판의 크기에 따라 달라지므로 실용적인 계산에 의하여 만들면 된다. 홍두깨로 밀기작업 시 잘 밀어서 결이 생기지 않도록 한다.

그 다음 직사광선을 피하고 그늘진 곳에서 말리며 도안을 놓고 눌러 들어갈 정도로 건조시킨다. 이때 건조 과정에서 수축·균열이 생기기 쉬운데, 도판 바닥에 천을 깔아 주면 예방할 수 있다. 바닥판과 소지가 밀착되면 수축 당시 유동성이 없어 균열 발생이 심한 반면, 바닥에 천을 깔아 주어 소지의 유동성을 좋게 하면 수축·균열을 예방할 수 있다.

(4) 본뜨기

문양이 그려진 도안지를 도판 위에 올려 놓고 연필이나 무딘 나무 침으로 도판 위에 문양을 본뜬다. 이때 도판 반죽이 질면 본뜨기가 정밀하게 되지 않으며 너무 굳으면 본이 잘 떠지지 않는다. 이런 것을 물을 사용하는 습식작업에서는 물때라고 하는데, 작업성을 고려하여 건조 상태를 맞추어 작업하는 것이 매우 중요하다.

(5) 문양뜨기

도판 위에 문양이 그려지면 먼저 가문양을 뜬다. 가문양은 정밀한 작업을 하기 전에 본뜨기 선에서 약 2~3mm 정도 밖으로 뜨는 것이 좋다.

본뜬 선을 따라 문양을 한 번에 뜨면 정밀한 문양을 만들 때 어려움이 있다. 특히, 소지가 고운 흙일 때보다 분쇄토 등 거친 소지를 사용할 때는 정밀한 작업이 어렵기 때문이다.

본모양은 작업 시 변형이 되지 않을 정도로 굳은 상태 또는 긁어내기, 파내기작업을 할 때 소지가 엉기지 않고 작업이 가능할 정도로 굳은 상태가 좋다.

(6) 문양의 조각

문양의 조각은 세밀함이 요구되는 작업이므로 조각도를 이용하여 필요에 따라 양각과 음각 문양을 만든다. 앞에서 말한 바와 같이 물때를 잘 맞추어 작업을 하는 것을 잊지 말아야 한다.

너무 마르면 문양작업이 어렵고 지저분하게 되며, 또 너무 질어도 문양의 각이 살지 않고 지저분하게 된다. 도판의 질기는 조각도를 사용하여 파기는 쉬우면서 주변 각을 세우거나 면접기에 불편하지 않은 정도가 적당하다.

우리 전통방법에는 천연 안료를 사용할 수도 있지만 안료를 사용하지 않고 흙의 천연 색상을 이용하여 색을 조절한 것도 볼 수 있다. 안료를 사용하지 않고 색을 조절하기 위해서는 문양 조각 시 소지를 이용하여 소지를 배합하거나 상감기법을 활용해 섬세하게 색을 조절할 수 있다.

문양의 조각

(7) 건조

초벌 소성하기 전에 조각된 문양 조각을 잘 건조시켜야 하는데 너무 급격하게 건조되지 않도록 주의해야 한다. 급격하게 건조시키면 균열이 생기게 되어 공들여 만든 작품을 처음부터 다시 만들 수도 있기 때문이다.

그늘진 곳에서 말리는 것이 좋으나 흙의 성질이 기경성이므로 장마철이나 겨울철에는 인위적인 방법을 이용하여 건조시켜야 한다. 이때 급격히 온도를 올리거나 내려서 파손·균열이 생기지 않도록 해야 한다.

건조가 불량한 상태에서 초벌구이를 하면 파손 확률이 높기 때문에 초벌구이를 하기 전에 충분히 건조를 시키는 것이 중요하다.

문양 건조

(8) 소성

소성온도에 따라 분류를 하자면 790~1,000℃ 토기, 1,100~1,230℃ 도기, 1,160~1,350℃ 석기, 1,230~1,460℃ 자기질로 분류된다.

소성온도가 낮은 토기나 도기질은 흡수율이 높아 외부나 바닥에 사용하는 것은 피해야 한다. 토기나 도기는 내부의 장식이나 기구 등 외부 기후에 영향을 받지 않는 곳에 사용한다.

소성 완료 후 시공한 도자벽화(서울시 우수한옥 선정)

외부나 바닥에는 석기질이나 자기질이 좋은데 석기질이나 자기질의 소성온도 범위인 1,250℃ 이상에서 소성해야 한다.

소성방법은 초벌구이에 있어 400~900℃ 전후에 걸쳐 소성 초기 단계의 산소를 충분히 공급하며 굽는 산화소성 방법이 있고, 900℃ 전후부터 산소 공급을 줄여 소지가 가지고 있는 색채를 얻을 수 있는 환원소성 방법이 있다.

채색은 화장토를 바른 후에 하고 소성하여 색을 내는 방법과 환원소성을 통하여 채색을 얻어 내는 방법이 있다.

필자도 그동안 오랜 경험을 바탕으로 성형하고 소성하여 시공했지만 소성에 대한 기술은 전문서적이나 자료를 인용하였으면 좋겠다.

와편 조각으로 만든 도자벽화

와편 조각으로 만든 도자벽화 작품 〈웃는 마음〉

(9) 방전 또는 와편의 건식조각

흙을 반죽하고 조각하여 소성하는 기법이 있고 방전이나 기와를 가공하거나 조각하는 방법이 있다.

특히, 구기와에 조각하여 작품을 만들기도 하는데 구기와는 현재 생산되는 기와보다 경도가 작아 조각하기 편리하다. 그리고 소성온도가 일정하지 않아서 오히려 자연스럽게 아름다운 색상을 얻을 수 있어 좋은 재료로 활용될 수 있다.

자경전 꽃담을 재현한 미국 코리안벨가든 정원의 담장

창덕궁 수강재

창덕궁 낙선재 후원의 담장 문양

_4 줄눈공사

줄눈은 돌·벽돌 등을 쌓을 때 접합부의 틈을 말하며, 전통미장에서 줄눈재료
는 회사반죽·회반죽·삼화토로 마감한다.

줄눈이 수평으로 된 것을 가로줄눈, 수직으로 된 것은 세로줄눈이라고 하며
쌓는 재료를 중심으로 막힌 것을 막힌줄눈, 세로나 가로로 트인 것을 통줄눈이라
고 한다. 조적조 자체가 힘을 받아야 하는 경우는 보통 막힌줄눈으로 하고, 치장이
나 거푸집 역할을 할 때는 통줄눈으로 하며 현대건축의 보강 블록쌓기가 이에 해당
한다.

줄눈의 폭, 깊이, 내민 정도는 쌓는 재료의 크기에 따라 달라지며 부재가 크면
폭, 깊이, 내민 정도도 커져야 균형이 맞다. 줄눈은 방수성이 요구되며 하중의 일
부를 부담하기도 하며 미장으로서의 모양의 기능을 다하도록 해야 한다.

줄눈의 형태에는 민줄눈, 오목줄눈, 평줄눈, 볼록줄눈, 둥근줄눈, 빗줄눈, 내
민줄눈(면회줄눈), 실줄눈, 맞댄줄눈 등이 있다.

면회줄눈(내민줄눈) 전돌의 경우 1/2~1/3 정도 폭으로 줄눈을 하는 것이 좋다.
전통문양의 면회줄눈은 전돌 두께의 1/2 정도가 많이 쓰였다.

줄눈의 시공방법은 제치장줄눈방식과 쌓기 후 작업하는 줄눈방식으로 나눌
수 있는데, 내구성으로 볼 때는 제치장줄눈이 좋다.

제치장줄눈은 면회줄눈이 아닌 경우에 가능하며 면회줄눈은 제치장줄눈이 어
렵다. 모양이나 다른 기능을 요할 때는 별도의 줄눈작업을 해야 하는데 미리 파

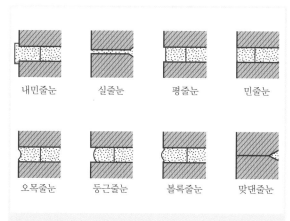

줄눈의 종류

맞댄줄눈의 아미산 굴뚝

사고석의 면회줄눈

혼합식 면회줄눈

토석담의 줄눈

놓은 줄눈부분이 오염되었으면 청소하고 면이 거칠지 않아 줄눈이 탈락할 우려가 있으면 쪼아 내어 거칠게 한 다음 작업해야 한다. 특히, 미리 파 놓은 깊이가 깊지 않으면 줄눈이 탈락할 수 있으므로 쌓기작업에 이어 줄눈파기에 세심한 주의를 기울여야 한다.

미리 파 둔 줄눈에 삼화토를 20~60mm 정도의 폭으로 돌출되게 발라 잘라 내서 줄눈을 만드는데, 이것을 면회줄눈이라고 한다. 면회줄눈의 내민 두께는 5~10mm 정도가 적당하며, 이때도 줄눈 폭이 크면 두께도 두껍게 해야 한다. 막돌을 쌓은 화방벽은 지름 20cm 정도의 돌을 진흙 또는 회사반죽을 이용하여 쌓고, 쌓은 재료로 문질러 제 줄눈을 하거나 막돌 모양을 따라 회사반죽·삼화토를 바르고 돌모양으로 숟갈 모양의 둥근 흙손으로 잘라 줄눈을 만드는데 이것도 완자문양의 내민줄눈 형식이다.

줄눈의 시공방법은 면회줄눈이 아닌 경우는 줄눈흙손으로 눌러 문지르면서 작업하면 되지만 면회줄눈은 기능도가 높고 작업이 어렵다.

면회줄눈은 기준 잣대를 대지 않고 흙손으로 발라 잘라 내는 방법과 기준 잣대를 대고 기준 잣대를 기준으로 밀어 바른 후 잘라 내는 방법이 있다. 줄눈 폭이 30mm 이상일 때는 기준 잣대 없이 발라 잘라 내는 방법을 쓰며, 30mm 이하일 때는 기준 잣대를 대고 가로줄눈을 넣는 것이 편리하다.

기준 잣대 없이 줄눈을 넣는 방법은 줄눈마다 미장하듯 바름을 한 다음 잣대를 대고 잘라 내는데 덩어리가 큰 이고석과 사고석의 줄눈에 사용되는 기법이다.

기준 잣대를 대고 줄눈 넣는 방법에도 평줄눈용 흙손을 사용하는 경우와 줄눈 폭과 두께만한 사각줄눈흙손을 만들어 사용하는 경우가 있다. 평줄눈흙손을 사용할 경우는 기준 잣대를 수평으로 줄눈선에 맞추고 평줄눈흙손을 이용하여 기준 잣대 상부에 요구하는 줄눈 폭과 두께만큼 누르면서 기준 잣대 길이만큼 발라 두고 요구하는 폭의 얇은 잣대를 대고 끊어 내는 방식이다. 기준 잣대의 길이는 약 1m 정도면 적당하고 기준 잣대를 잡아 주는 사람이 따로 있어야 하는 2인 1조 작업이다.

잣대를 대고 끊어 내는 방법은 시멘트나 석고 등 초기 강도가 있는 재료를 사용하는 방법이고, 회반죽이나 회사반죽으로 면회줄눈을 넣을 때는 면회줄눈흙손으로 넣는 것이 품질은 물론 작업성도 좋다.

면회줄눈용 흙손을 이용하는 방법은 기준 잣대를 대는 것은 동일하나 줄눈용 면회흙손으로 떠서 기준 잣대에 대고 누르면서 발라 마감하는 기법이다. 이 방법은 작업 능률은 떨어지나 초기 강도가 작은 회반죽이나 회사반죽 면회줄눈에 유리하다.

가로줄눈이 끝나면 세로줄눈을 발라 기준 잣대를 대고 끊어 내기로 동일하게 작업하고 묻은 미장재료는 깨끗이 닦아 낸다. 줄눈넣기 후 닦아 내기도 검은 전돌인 경우 물솔로 마구 닦으면 석회물이 묻어 마른 후 지저분하게 되므로 마른 솔로 털어 내거나 좁은 솔을 이용하여 물이 많이 번지지 않도록 세심하게 닦아 내야 한다.

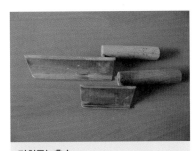
면회줄눈흙손

끊어 내기 방식의 줄눈 바르기

줄눈 바른 후 끊어 내기

_5 석회다짐

01. 개요

회랑·회곽로·문루·기단바닥·마당에는 석회다짐을 한다. 석회다짐에는 내균열성·내충격성·내마모성과 방수성이 요구된다. 보통 석회다짐은 백마사로 하지만, 회곽로·마당·기단·산책로 등에는 질마사를 하는 경우도 있다.

석회다짐에서 중요한 것은 현대식 미장 바름공법으로 해서는 안 된다는 것이다. 석회의 특성상 초기 강도는 약하고 장기 강도가 크기 때문에 시멘트와 같이 발라서 사용하면 하자가 발생된다. 즉, 표면에 탈피현상이 생기고 강도가 적어 부슬부슬 부서진다. 강회의 물성을 이해하지 못하고

석회다짐의 하자

시멘트와 같다고 생각하고 시공하는 경우 발생되는 하자다. 이러한 현상 때문에 시멘트를 혼합해서 쓰거나 아예 백시멘트로 시공하는 경우가 있다.

석회다짐은 다짐이지 바름이 아니라는 것을 먼저 인식해야 한다. 즉, 표면에 마모현상이 일어나더라도 그 마모 상태로 사용할 수밖에 없다. 그러니 만약 부슬부슬하게 배합된 재료를 다짐 없이 현대미장과 같이 바른다면 표면의 마모 후 결국

은 백토나 마사토를 깐 마당 바닥과 같은 결과를 가져오게 된다.

석회다짐은 빈틈없는 다짐으로 내마모성과 내충격성이 있도록 시공되어야 한다.

02. 배합 및 다지기

석회다짐의 배합비는 소석회 1 대 마사토 1~3 정도 비율이면 적당하다. 마감 색상 등을 고려하여 백토를 섞을 수 있는데 비율은 석회 1 대 마사토와 백토를 합한 양으로 1~3 정도가 적당하다. 이것은 삼화토를 만들어 강회다짐을 하는 것이다.

다짐방법에 있어서는 반죽의 질기가 매우 중요하다. 현대건축에서의 시멘트콘크리트에 대한 공법을 인용해서 설명하자면 슬럼프값이 크면 수축·균열이 크다는 것을 알 수 있다. 석회다짐에서도 반죽이 질면 건조·양생 과정에서 수축·균열 발생이 심하다. 석회다짐의 반죽 질기는 주먹으로 힘껏 쥐어 뭉쳐질 정도면 좋다. 손으로 쥐어 자연스럽게 뭉쳐지는 정도도 물기가 많은 것이다.

석회다짐 기초

시공에 있어서 바닥다짐을 하여 안정된 상태에서 적어도 10cm 정도 두께는 되어야 석회다짐의 기능을 할 수 있는데, 전체 두께를 한 번에 시공해야 한다. 한 번에 시공해야 하는 이유는 층을 두어 시공하게 되면 층간 박리가 생겨 하자가 발생하기 때문이다.

석회다짐용 마사토는 입자가 고루 분포되어 있으면 좋다. 많은 마사토를 체거름 하기는 어려우므로 아래층은 체거름하지 않고 석회와 배합해서 깔고 위의 마감

석회다짐 마감

석회다짐한 문루

주거용 기단

석회다짐한 회곽로

부분은 8mm 정도의 망으로 체거름을 하여 깔고 다짐을 한다. 마감층에 체거름을 하지 않으면 흙덩이나 굵은 골재부분에 곰보가 생긴다.

배합비는 아래층과 위층을 같게 하고, 주의할 것은 아래층을 먼저 다지지 않고 마감층을 깔고 난 후 같이 다져야 재료 분리에 의한 박락이 생기지 않는다. 달구, 몽둥이, 다짐흙손으로 다짐을 하면서 곰보지고 다짐면이 잘 나오지 않는 곳은 더 고운 체로 체거름을 하여 눈매움을 하면서 다짐을 해야 한다. 이때 문화재보수나 전통방식이 아닌 경우는 람마나 콤팩터 등 기계를 이용하면 편리하다.

석회다짐 후에 직사광선을 받거나 급격한 통풍을 하게 되면 건조·수축에 의한 균열이 발생하기 쉬우므로 거적을 덮어 서서히 말리며 양생시키는 것이 좋다. 석회다짐 후 얼마 정도 후면 보행이 가능하냐는 질문을 많이 하는데 정답은 없다. 이러한 사고는 시멘트재료에 대한 이해로 접근하는 것이고 석회는 기경성 재료로 온도·통풍 등 날씨와 밀접한 관계가 있으므로 날씨에 따라 달라지는 것이기 때문에 다짐 후 사용 시기를 일률적으로 며칠이라고 말할 수는 없다. 장마철에 석회다짐을 한 것과 봄과 가을에 석회다짐한 것을 비교하면 건조·수축의 진행 상황을 잘 알 수 있다.

03. 석회다짐의 하자

(1) 바탕에 의한 하자
작업 바탕이 안정적이지 않으면 필연적으로 석회다짐의 하자가 발생한다. 이런 현상은 다짐으로 압축 상태이기 때문에 초기에 자체 발현 강도가 아니고 다짐 상태로 장시간 유지되므로 바탕의 안정이 매우 중요하다.

(2) 재료 품질에 의한 하자
전통미장에서는 생석회를 구입하여 피워 소석회를 만들어 사용하는데 생석회의 품질에 따라 석회다짐의 강도와 품질이 달라진다.

생석회는 석회석 원석과 가공 과정에 따라 품질의 차이가 있는데 품질 등급은 칼슘의 성분으로 표시된다. 칼슘의 성분은 현재 유통되고 있는 특급의 경우는 98%, 1급은 95%, 그 이하 등급별로 칼슘성분 함량이 다르며, 85% 정도는 저급에 속하고, 기타 농업용 등은 품질이 더 낮다. 석회의 품질이 석회다짐의 품질에 영향을 미치므로 1급 이상의 것을 쓰는 것이 좋고 저급을 쓰는 것은 삼가야 한다.

마사토는 입자가 가는 것보다 굵은 것과 가는 것이 고루 섞이면 좋다. 질마사의 경우 점토분이 많으면 왕마사를 섞어 골재의 조립률을 맞추는 것이 좋다.

(3) 생석회 피우기 작업에 의한 하자
생석회를 피우는 과정에서 피지 않은 생석회를 사용하면 다짐 후에 반응하여 부풀어 올라 품질을 불량하게 만든다. 이는 소석회의 수분함량을 맞추기 위하여 물을 적게 넣는 과정에서 수화작용이 일어나지 않아 나타나는 문제다.

(4) 석회다짐 반죽에 의한 하자
물을 사용하는 습식공사인 석회다짐, 흙미장이나 시멘트미장 모두 수분함량을 잘 맞추는 것이 중요하다.

석회다짐에서도 반죽이 질면 수축·균열이 발생하므로 배합된 재료의 수분함량은 힘을 주어 뭉쳐질 정도가 적당하며 반죽은 건반죽이 되어야 한다.

작업 중 반죽 질기가 너무 질면 다짐면에 펴 널어 부슬부슬하게 물기를 말려 다짐하면 수축·균열을 줄일 수 있다.

석회다짐 전에 물기 말리기

(5) 다짐에 의한 하자

석회다짐은 다짐이라는 용어를 쓴다. 그러므로 시멘트모르타르처럼 바르는 공법으로 시공해서는 안 된다. 바를 수 있는 정도의 질기로 반죽하면 이미 석회다짐의 좋은 품질을 기대하기 어려우며 바름으로 인하여 표면이 탈피되면서 강도가 부족하여 하자가 발생한다. 석회는 다져서 즉시 발로 밟아도 문제가 생기지 않고 조심스럽게 즉시 사용해도 되는 정도가 잘된 석회다짐이다.

(6) 날씨에 의한 하자

날씨가 건조하고 온도가 높아야 양질의 석회다짐이 된다. 재료가 기경성이므로 장마철에 온도가 높다고 석회다짐의 품질이 좋아지는 것은 아니다. 또한, 겨울에 공사를 하면 동해의 우려가 있고 건조하여 굳지 않으므로 품질이 좋지 않다.

작업에 좋은 계절은 봄과 가을이다. 만약 늦가을에 작업하거나 바닥에 습기가 있는 경우는 주의시공하거나 작업을 중지해야 한다. 늦가을 작업으로 건조되지 않은 상태에서 얼음이 얼면 동파로 부풀어 올라 하자가 발생하기 때문이다. 또 석회다짐한 곳이 북쪽이나 바탕 자체에 습기가 있어도 추위 전에 건조·경화되지 않으면 동파로 인해 하자가 발생된다. 석회다짐은 잘 말라야 경화가 잘되어 조기에 사용이 가능하고 품질도 좋다.

_6 굴뚝공사

01. 개요

불을 땔 때에, 연기가 밖으로 빠져나가도록 만든 구조물을 굴뚝이라고 한다. 따라서 굴뚝은 우선 기능적인 역할이 중요하지만 하나의 조형물로 장식하려는 의도도 많다. 경복궁 아미산 굴뚝이나 창덕궁 후원의 굴뚝, 봉은사 굴뚝 등은 하나의 조형물로서 장식한 사례로 볼 수 있다.

전통 굴뚝은 단순하게 연기를 빼내기 위하여 굴뚝을 쌓고 만든 것이 아니라 굴뚝 각 부분의 요소마다 의미를 부여했는데, 각 부를 크게 나눠 보면 지대석과 벽체가 있고 처마와 지붕이 있다. 이것은 굴뚝이 본체와 연결된 부속물이지만 실제는 하나의 건축물로서 만들고 장식하였음을 알 수 있다.

굴뚝은 본건물과 독립하여 설치한 아미산 굴뚝과 같은 독립형, 행랑채나 격이 낮은 건물의 일부에 붙여 설치한 간이형, 자경전 십장생 굴뚝이나 강녕전 굴뚝과 같이 담장에 붙이거나 본건물에 붙여서 모양과 기능을 함께 한 복합형으로 나눌 수 있다.

평면의 형태는 아미산 굴뚝과 같이 육각형으로 한 경우, 사각형으로 한 경우 또는 원형으로 한 경우가 있다. 일반적인 굴뚝은 사각형으로 하는 경우가 많고, 육각형이나 원형은 특별한 장식이나 기능이 필요한 경우에 적용한다.

석재를 이용하여 지대석을 놓고 벽체를 구성하는데 벽체를 쌓을 때 벽돌로 문

경복궁 아미산 굴뚝

아미산 굴뚝

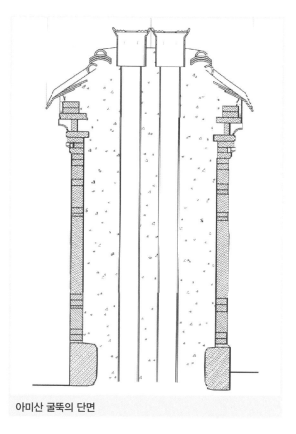

아미산 굴뚝의 단면

이형벽돌 구부재

신부재

양을 만들어 같이 쌓는 경우와 벽체를 쌓고 문양을 별도로 설치하는 방법으로 구분할 수 있다.

굴뚝의 크기와 높이는 구들공사의 기본적인 기능을 유지하면서 본건축물의 규모와 어울리는 적절한 크기로 정하는 것이 매우 중요하다. 굴뚝 규모가 너무 작거나 크면 본건물이나 주변 환경과의 균형을 잃게 되기 때문이다.

02. 굴뚝쌓기

굴뚝은 잡석강회다짐을 하고 지반석을 놓거나, 바로 지대석을 설치하고 내부에서 회다짐으로 채워 가며 쌓아야 한다. 기초에 지반석이나 잡석회다짐이 안 되면 굴뚝이 부동침하될 수 있다. 이러한 부동침하현상은 아미산 굴뚝에서 볼 수 있는데 기초다짐이나 지반석이 없이 설치된 것이 이유로 보인다.[3]

굴뚝을 쌓기 전에 굴뚝개자리에 물이 고이지 않는 구조인지 살펴보고 물이 고이는 구조이면 방수처리를 해야 한다.

기초 지대석이 놓아지면 벽체를 쌓기 위한 규준틀을 설치해야 한다. 규준틀은 곧고 휘거나 변형되지 않을 각재를 사용하는 경우와 세로 규준틀을 세우고 세로 규준틀 상부에 수평 규준틀을 올려 실을 내려 쌓는 경우가 있다.

쌓아 올리는 각도가 없을 때는 세로 규준틀만으로 가능하겠지만 쌓아 올라가면서 각을 조절할 때는 상부에 수평대를 설치하고 실을 내려 각을 조절하며 쌓는 것이 좋다.

벽돌쌓기의 경우 아미산 굴뚝처럼 맞댄줄눈으로 쌓는 경우, 아래와 상부는 맞

3 문화재청, 《경복궁 아미산 굴뚝 정밀실측보고서》, 2013.

댄줄눈, 중간부는 면회줄눈으로 쌓는 경우가 있다. 맞댄줄눈 쌓기에서 내부를 삼화토나 회사반죽으로 속채움을 하지만 기존 구조물에 부축하여 쌓을 때는 벽돌의 뒷면이 얇은 이형벽돌을 사용해야 한다.

굴뚝은 미리 오지토관을 넣고 쌓는 방법과 벽돌만으로 굴뚝을 만드는 경우가 있는데, 오지토관을 넣고 회사반죽과 잡석·와편을 섞어 채워 가며 쌓는 것이 좋다. 연도는 기능상으로 보온을 해 주고 군바람이 들어가지 않는 것이 불이 잘 들이기 때문이다.

본건물에 붙여 설치하는 굴뚝의 높이는 연기 배출구의 하단이 처마선보다 90cm 이상 올라가야 하고, 전체 상단면은 처마선에서 150~200cm는 올라가야 균형이 이루어진다. 하루에 쌓는 높이는 굴뚝 평면의 크기와 날씨에 따라 다르므로 시멘트 벽돌을 쌓는 기준으로 해서는 안 된다. 무리하게 쌓아 물러나지 않도록 해야 하며 속채움 반죽의 질기도 뭉쳐질 정도로 질지 않도록 해야 한다.

일반적인 굴뚝은 수직으로 쌓기보다는 상부로 가면서 줄여 주면 좀 더 안정감과 멋을 살릴 수 있다.

무엇보다 회사반죽이 시멘트모르타르라고 생각해서는 안 된다. 시멘트처럼 시간이 지나면 굳는 것이 아니고 건조한 바람에 마르면서 굳어 가는 기경성이라는 것을 다시 한 번 강조한다.

03. 굴뚝 처마공사

굴뚝의 재료와 모양은 건축주의 형편과 신분에 따라 매우 다양하다. 즉, 돌과 벽돌로 쌓은 것, 판자로 만든 것, 오지토관을 이용한 것, 피나무 껍질을 원통형으로 벗겨 만든 것, 통나무 속을 파낸 것, 오래되어 속이 빈 통나무로 만든 것, 토석담 굴뚝 등이 있다. 제주도의 경우 돌담굴뚝, 앉은뱅이굴뚝 등이 있으며 보온을 위하여 볏짚을 감싼 경우도 있다.

또한, 굴뚝은 일반적으로 수직으로 세워져 있지만 따로 수직적 형태를 갖추지 않고 집의 기단 머리에서 하나의 '구멍'으로 끝나는 특이한 것도 있다.

굴뚝도 하나의 독립된 건축물로서 기초와 벽체, 처마, 지붕이 있는 경우도 있는데 경복궁 아미산 굴뚝이 그 예다.

궁궐이나 격이 높은 건축물의 굴뚝머리는 평고대·익공·도리·장혀·소로·창방이 있어 재료상 흙을 구워 만들었지만, 모양은 한옥의 상부 형태와 유사하게 하기도 한다. 지붕도 한옥 지붕과 같은 형태로 기와를 잇고 상부에 연가와를 올려 품격을 더하기도 한다. 특수한 굴뚝 또는 궁궐 굴뚝은 공사하기 어려운데 이는 재료들을 규격에 맞게 일일이 제작하고 문양을 만들어 소성하여 작업해야 하기 때문이다.

굴뚝의 상부는 빗물이 유입되지 않도록 오지토관부분이 약간 올라와 바깥으로 물매가 잡혀야 하고 가능한 한 역풍을 막을 수 있도록 배기구 방향은 건물과 지형적인 영향을 고려하여 바람이 부는 방향으로 배기될 수 있도록 하는 것이 좋다.

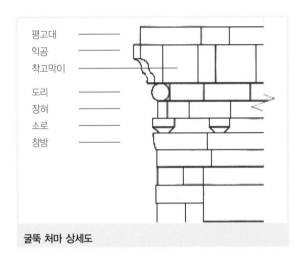

평고대
익공
착고막이

도리
장혀
소로
창방

굴뚝 처마 상세도

판교 소재 한옥의 굴뚝

이천 소재 한옥의 굴뚝

거창 소재 한옥의 굴뚝

평창 소재 한옥의 굴뚝

경주 소재 한옥의 굴뚝 1

경주 소재 한옥의 굴뚝 2

제주도 가옥의 굴뚝

고창 소재 한옥의 굴뚝

아미산 굴뚝의 처마 모습 1

아미산 굴뚝의 처마 모습 2

굴뚝의 지붕 모양 1

굴뚝의 지붕 모양 2

창덕궁 3개 연가와 굴뚝

연가와 상부 모양

궁궐에 설치된 굴뚝

봉은사 굴뚝

궁궐의 간이형 굴뚝

혼합식 굴뚝(영월의 단종 유배지)

기단에 설치된 간이굴뚝(소쇄원)

낙산사 소대

사람얼굴을 한 굴뚝

아치지붕형 굴뚝

5장

한국의
근대미장기술

한국식 전통미장기술과 한국식 근대미장기술을 정확하게 구분하기는 어렵다. 우리의 근대건축시대는 전통미장기술과 현대식 미장기술이 혼재된 시기이기 때문이다. 현재 국가나 지방자치단체에서는 구한말 이후의 건축물 중 보존 가치가 높은 건축물은 근대문화재로 지정, 관리하고 있지만 현대 건축기술 보급으로 인하여 근대건축 미장기술은 점차 사라져 가고 후대에 계승하려는 관심이나 의지도 부족한 현실이다. 이 장에서는 근대미장기법의 기본이 되는 내용을 간단히 서술하였다.

_1 근대미장기법의 특징

우리나라 전통미장기법은 일제강점기부터 변형되기 시작하였다고 볼 수 있다. 일제강점기부터 목구조공사, 석공사, 기와공사 그리고 특수한 공사부분을 제외하고 전통미장(泥匠)이 전부 담당하였던 영역이 세분화·전문화되기 시작한 것이다.

1919년 우리나라 최초로 시멘트공장이 생기면서 콘크리트공사 전문기술자와 철근콘크리트공사에서 철근공, 조적식 구조에서 조적공사만 담당하는 조적공, 석조에서 돌공사만 담당하는 석공, 내부를 마감하는 내장목공 등으로 세분화·전문화되었던 것이다. 즉, 우리 전통미장의 단점들을 보완하면서 현대건축으로 발전하게 되었고 이러한 건축기술의 발달 과정에서 우리 전통미장기법이 단절된 것으로 볼 수 있다.

근대건축의 미장은 자연재료를 사용하는 전통미장과 달리 혼합 가공된 시멘트재료나 고결재와 결합재가 따로 있어 현장에서 배합하여 사용하는 방식이 특징이다. 현대에서는 아예 공장에서 고결재와 결합재가 정량적으로 혼합되어 생산·공급되므로 작업자가 배합에 대한 개념이나 재료의 물성에 대한 이해가 부족하여도 작업이 가능한 것이 특징이다.

근대건축물은 구조는 콘크리트 구조, 벽돌 조적조, ·석조가 주를 이루고 마감재는 석회를 사용하여 회반죽이나 회사벽으로 마감하고, 인조석을 사용한 인조석 갈기, 인조석 씻어내기, 인조석 쪼아내기와 일부 석고를 사용한 사례를 볼 수 있는데 옛 서울시청이나 옛 전남도청이 그 사례가 될 것이다.

옛 전남도청

한편, 근래에 와서 근대건축물을 근대문화재로 지정하는 사례가 늘어나고 있다. 그 사례로 옛 서울시청, 옛 전남도청, 서울역, 명동성당, 약현성당, 혜화동성당, 성공회성당, 서대문형무소, 한국은행 본점, 서울 중앙고등학교 등이 있으며 많은 건축물들이 일제강점기에 건축된 것을 알 수 있다.

여기서 주목할 것은 일제강점기 36년을 거치면서 재료는 물론 노작기술까지 일본방식이 정착되었다는 사실이다. 이렇게 일본식 건축기술이 자리 잡고 해방과 더불어 서양건축 기술이 도입되면서 한국식 전통건축의 맥이 끊기게 된 것이다.

건축기술에 있어 순수한 자연재료를 활용하는 전통기법보다는 일제강점기의 기법이나 현대 건축기술로 시공하는 작업자가 숙련된 장인으로 인정받는 것도 예외는 아니다.

근대건축에서 나타난 또 다른 특징은 새로운 미장기술로 장식을 하기 시작하였다는 것이다. 내부 장식의 모양을 목구조로 큰 틀을 형성하고 미장하는 것과 처음부터 미장면으로 많은 장식을 한 것을 볼 수 있는데 옛 서울시청 태평홀이 그 사례다.

그리고 유럽의 건축양식에서 볼 수 있는 장식도 등장하였는데 천장의 등받이 부분의 장식, 기둥 주두부분의 장식, 아치부분의 장식과 천장, 벽 모서리를 쇠시리흙손으로 마감한 것 등이 그 예다. 또 쇠시리 모양을 만들기 위하여 원형 쇠시리를 만들어 사용하기도 하였다. 이러한 기법은 서양의 석고 미장기술의 발달에 따라 우리나라에 도입된 것으로 사료된다.

_2 시공재료의 변화

전통미장에서는 주로 자연재료를 사용한 반면, 근대미장에서는 자연재료를 가공하여 쓰기 시작했다는 특징이 있다.

중깃이나 외대재료가 자연목에서 제재목으로 바뀌고, 수염 붙이기에서도 기계 생산한 노끈이 사용되었다. 여물의 재료도 바뀌기 시작하여 초벽에서는 볏짚을 사용했으나, 재벌과 정벌에서는 종려나무 껍질이나 마닐라 로프를 절단해 사용하고 기타 섬유재의 여물이 사용되기 시작하였다.

전통미장에서는 새끼줄이나 칡 등을 사용하여 외엮기를 했으나, 근대미장에서는 바탕 조성을 중깃각재를 세우고 외대용 각재를 못을 박아서 고정하였다.

석회석을 이용하여 시멘트를 만들고, 시멘트를 고결재로 하고, 부순 석재를 결합재로 한 인조석 씻어내기와 쪼아내기 및 갈아 내기 기법이 발전했고, 석고를 만들어 사용하였으며, 점토를 구워 타일을 만들어 사용하는 기술도 발전하게 되었다.

이때 흙재료에도 시멘트를 섞기 시작하였고, 전통미장에서 주로 찹쌀 등 곡물 풀을 사용했던 반면, 근대미장에서는 주로 해초풀이 사용되었다.

_3 졸대 바탕의 미장

01. 벽체의 바탕 조성

졸대 바탕의 조성은 중깃(샛기둥)을 300~400mm 간격으로 세우는데 가장자리는 30~60mm 정도로 하여 가장자리의 졸대가 힘을 받도록 하였다. 이때 샛기둥의 크기는 벽의 두께 또는 벽의 구조에 따라 달라지므로 요구 조건에 따라 규격이 달라질 수 있다. 두께 10mm, 폭 30mm 정도의 각재(전통미장에서 외대와 같음.)를 회반죽 초벌바름의 경우 5~10mm 간격으로 하고, 흙으로 초벽을 할 경우는 10~15mm 간격으로 못을 2개씩 박아 고정한다.

천장의 졸대 바탕

외부 벽돌 천장의 졸대 바탕

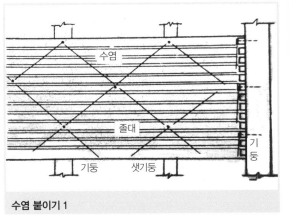

수염 붙이기 1

수염 붙이기 2

졸대의 이음은 한곳에서 하지 말고 샛기둥을 중심으로 엇갈리게 하여 수직 균열이 발생되지 않도록 해야 한다. 가로로 대는 졸대의 간격이 너무 넓으면 구조적인 문제가 발생하고 너무 좁으면 미장재료가 들어가 걸침이 부족하여 탈락의 위험이 있으므로 주의해야 한다.

졸대 바탕의 미장재료는 초벽의 경우는 흙으로 하기도 하지만, 근대건축의 대부분은 회반죽바름이나 회사반죽으로 초벌을 하고 회사벽으로 마감하거나 회반죽으로 정벌을 하는 경우가 많으므로 전통미장기법이나 현대미장기법과는 구별되어야 한다.

옛 전남도청의 내부를 보면 졸대 바탕과 조적조 바탕으로 혼용하여 시공했음을 알 수 있다. 특히, 힘을 받지 않는 장식부분에 졸대 바탕을 하고 회반죽과 회사벽마감한 사례다.

02. 수염 붙이기(수염달기)

졸대 바탕에 부착력을 증대하기 위해서는 수염달기를 한다.

수염달기는 삼노끈을 자르거나 삼오리를 600mm 정도 길이로 하고, 15~20mm의 못을 박아 대고, 수염 붙이기 간격은 300mm 정도로 서로 엇갈리게 마름모꼴로 한다. 천장이나 차양은 수염 붙이기 간격을 200~250mm 정도로 한다. 졸대 바탕에 회반죽이나 회사반죽으로 초벌 바르기를 하지 않고 흙으로 두껍게 초벌 바르기를 할 때에는 수염달기를 생략하고 초벌용 흙에 여물을 섞어 쓴다.

표 5-1 졸대 바탕의 회미장

마감 두께 (mm)	시공개소		바름층	배합비				바름 두께 (mm)
				소석회	모래	해초(g) (소석회 20kg에 대하여)	여물(g) (소석회 20kg에 대하여)	
12	벽		초벌 덧먹임 재벌 정벌	1 1 1 1	0.3 0.2 1.0	900 800 700 500	800 700 700 400	3.0 1.5 6.0 1.5
	천장 차양	A	초벌 고름질 재벌 정벌	1 1 1 1	0.1 0.6 0.5	1,000 900 700 500	900 800 700 400	2.0 5.5 3.0 1.5
	천장 차양	B	초벌 재벌 정벌	1 1 1	0.1 0.6	900 800 500	900 800 400	3.0 7.5 1.5

03. 회반죽·회사반죽 초벌미장

졸대 바탕의 초벌미장은 전통미장의 외엮기 바탕과는 다르게 초벌에 회반죽이나 회사반죽 바름을 하여 졸대에 부착시키면서 졸대 사이에 반죽이 밀려 들어가 걸치도록 해야 한다. 이때 수염 한 가닥은 초벌에 묻히도록 하고, 한 가닥은 두었다가 재벌바름면에 눌러 발라 박락이나 균열을 예방한다. 졸대 바탕에 수염 붙이기를 하여 보강을 하지만 박락으로 인한 하자에 주의해야 한다.

회반죽은 소석회에 해초풀과 삼여물, 종려털, 섬유재 여물을 넣어 잘 반죽한 것으로 초벌바름을 하며, 이러한 바탕 바름을 바탕 먹임이라 하기도 한다. 현대미장의 콘크리트면에 시멘트풀을 바르는 공법과 같은 기능을 하는 것이다. 회사반죽은 회반죽과 같은 배합에 모래만 일정 비율을 추가한 것이다. 바름 두께는 졸대면에 2~3mm 정도를 바르고 수염을 잘 묻어 바르며 면은 거칠게 발라 재벌바름 시 부착을 좋게 한다.

04. 황토 초벌미장

졸대 바탕의 초벌미장에는 회반죽만을 사용하는 것은 아니다. 화성 정용래 가옥과 창경궁 양화당 내부를 보면, 보수를 하면서 원래 전통 외엮기 방법으로 해야 하는데 오래 전에 졸대방식으로 보수한 것을 볼 수 있는데, 여기에는 회반죽으로 초벌한 것이 아니고 흙으로 초벽치기를 하였다. 이렇게 전통기법으로 보수해야 하는 문화재 건축물도 졸대 바탕의 공법으로 보수한 사례를 종종 볼 수 있어 안타깝다.

벽체 구성은 졸대방식으로 되어 있지만 초벌·재벌·정벌마감은 전통기법과 같이 하면 되는데 이때는 졸대의 간격을 너무 좁게 하면 안 된다. 졸대 간격이 좁으면 초벽 흙이 졸대 사이로 밀려 들어가 걸치지 못하므로 박락의 원인이 되기 때문이다.

이와 같이 근대건축시대에는 벽체 구성 시 본격적으로 기계를 사용했음을 볼 수 있다. 이러한 졸대 바탕의 기술은 앞으로 널리 보급되어야 할 것이다. 문화재 건축물이 아니라면 전통재료의 장점은 그대로 살리면서 현대건축에 유용하게 활용될 수 있기 때문이다.

05. 졸대 바탕의 재벌·정벌

졸대 바탕에 회사반죽이나 회반죽 또는 흙으로 초벌미장을 한 후 어느 정도 건조한 다음 재벌미장을 하는데 이때 재벌미장의 배합은 전통미장 회반죽이나 회사반죽 배합비로 하면 될 것이다.

이때도 정벌마감을 어떤 재료로 할 것인가에 따라 다르지만 정벌미장과 같은 재료를 사용하도록 하고 마감의 여유 치수를 두는 것도 전통미장에 준하면 된다. 물론, 문화재 보수나 복원의 경우는 원형을 유지하도록 한다.

졸대 바탕 천장의 마감작업

옛 서울시청의 태평홀

천장 반자 돌림의 쇠시리마감

기둥 모서리 부분의 석회 쇠시리마감 단면

4 콘크리트 및 조적조 바탕의 미장

01. 개요

　앞에서 언급한 바와 같이 근대건축시대에서는 이미 습식공사의 작업 분야가 세분화되어 전통미장에 속하였던 조적공사는 제외하였다.

　근대건축시대에는 덕수궁 석조전과 같이 외부는 석조이며, 내부는 점토벽돌로 쌓은 경우와 옛 서울시청과 같이 구조체는 시멘트콘크리트, 내부는 조적조와 졸대 바탕으로 건축하는 등 시공방법이 혼용되었는데 바탕에 따라 미장작업 방법이 달라진다.

석회마감한 벽체의 단면

석고와 석회로 정벌마감한 벽면

조적조 바탕의 경우 표준바름 두께가 있지만 실제 건축 현장에서 시공한 바름의 두께는 편차가 크다. 졸대 바탕면은 대체로 바르게 작업한 반면, 조적조의 경우 전체 면을 살펴보면 울퉁불퉁한 경우가 많이 보이기 때문이다.

이러한 현상은 덕수궁 석조전과 옛 전남도청에서 많이 볼 수 있는데 심한 곳은 50mm의 편차가 난 것도 볼 수 있다. 미장의 표준바름 두께는 정해 놓았지만 실제 시공 현장에서는 의미가 없는 경우가 많은 것이다. 이러한 것이 현장에서 경험적 지식이 없는 사람은 이해하기 어려운 부분이다.

02. 바탕 처리

콘크리트면이나 벽돌면에 회반죽 또는 회사반죽으로 미장할 경우는 바탕 처리에 세심한 주의를 기울여야 한다. 콘크리트면이 오염되어 있으면 부착력 부족으로 박락·균열이 생긴다. 특히, 근대문화재 건축물의 경우 콘크리트면에 전통미장 재료로 미장한 것을 볼 수 있는데 두들겨 보면 박락되어 보수한 흔적을 많이 알아볼 수 있다.

바탕이 너무 건조하면 초벌미장이 모체와 접착되지 않으므로 표면만 축축할 정도로 솔질 등으로 물을 발라 주면 좋다. 콘크리트는 수경성 재료이고 석회는 기경성 재료이므로 바탕면 전체를 습윤하게 하면 경화 속도도 늦고 품질도 저하되므로 바탕의 습윤 상태 조절에 주의해야 한다. 바탕이 매끄러우면 거칠게 면처리를 하거나 라스 붙임을 하여 부착력을 증가시켜야 한다.

03. 초벌

콘크리트면의 초벌바름은 전통미장에서 회반죽바름 반죽과 같은 배합방식으로 하면 될 것이다. 청소가 된 바탕에 회반죽으로 초벌미장을 하는데, 회반죽이 마르기 전에 회사반죽으로 재벌이나 고름질을 하면 된다. 만약 회반죽을 건조시켜 작업할 때는 초벌면이 매끈하지 않도록 뻣뻣한 빗자루 등으로 잘 긁어 주어야한다. 다만, 초벌바름의 회반죽은 정벌마감 때보다 여물을 50% 정도 줄여서 부착력을 증대시킨다.

앞에서 설명한 초벌바름은 문화재 건축물이나 특별한 경우를 제외하고는 현대건축기술과 잘 부합되지 않는 공법이다. 현대건축에서 석회미장 마무리는 시멘트 풀을 칠한 후 시멘트모르타르로 초벌을 하고 긁어 놓았다가 석회미장을 하면 된다. 문양이나 조형물을 만들기 위해서는 초벌과 재벌에서 어느 정도의 형태를 만들어 놓아야 하므로 벽이나 천장 바름보다 몇 번의 추가 작업을 해 두어야 한다. 미장재료의 살올림으로 장식물을 만들기 때문에 초벌과 재벌에서 형태를 잡아 살올림을 해 두지 않으면 전체 마감이 같이 끝나지 않는다.

04. 재벌 및 고름질

재벌바름은 졸대 바탕이나 콘크리트 바탕, 조적조 바탕과 같은 배합이나 시공방법으로 하면 된다. 다만, 졸대 바탕에서 초벌에 묻어 둔 수염 외에 재벌바름면에 묻으려고 남겨둔 수염을 바름면에 묻어 주면 된다.

콘크리트 바탕의 재벌은 초벌에 이어서 초벌이 마르기 전에 하는데 며칠, 몇 주후에 재벌이나 정벌을 한다고 일률적으로 초벌 건조기간을 정하는 것은 바람직하지 않다. 석회재료가 기경성이므로 장마철에 건조 날짜를 산정하는 것은 맞지 않는다는 것을 다시 한 번 강조한다. 초벌바름 상태를 확인하고 작업하는 현장기술이 필요한 부분이다.

여기서 주의할 것은 회사반죽으로 여러 번 고름질을 하여 벽면을 평활하게 맞추어야 한다는 것이다. 이때 회사반죽의 바름 두께는 5~8mm 정도로 하여 바른 후 긁어 주어서 처짐이나 균열이 생기지 않도록 해야 한다. 정벌에서 모양을 내거나 벽 전체의 평활도를 맞게 하는 것은 어려우므로 재벌바름면을 고르게 하는 등 재벌바름을 잘해야 한다.

회반죽이나 회사반죽은 굳는 속도가 느리기 때문에 시멘트모르타르의 물성과 유사하다고 생각하여 작업하는 사람이 많이 있다. 이는 재료의 물성을 이해하지 못하는 데서 비롯된 것으로, 현재 흔하게 나타나는 근대건축기법의 변형 시공 문제가 이러한 점에서 발생되는 것이다.

석회반죽에 백시멘트나 타일용 접착제를 혼용하여 사용하는 사례도 많이 있어 전통미장기법의 단절뿐만 아니라 근대건축시대의 근대문화재 원형보존의 진정성마저 훼손하고 있는 것이다.

05. 정벌바름

일반적인 벽이나 천장은 전통미장의 정벌바름의 공법과 같이 하면 될 것이다. 그런데 정벌바름을 할 때 문양 및 조형물도 함께 쇠시리 또는 문양틀을 이용하여 마감해야 한다. 이 시기는 마무리 작업이기 때문에 흠이 있는 부분은 회반죽으로 눈메움작업을 하여 마무리하고, 선이나 각의 윤곽이 살아나도록 해야 한다.

이때의 공구는 기존 공구 외에 그 문양과 조형물에 따라 제작하여 작업해야 한다. 설계치수가 일정하지 않고 건축물마다 다르기 때문에 같은 규격의 공구를 사용할 수 있는 경우가 많지 않은 것이다. 주의할 것은 회반죽이나 회사반죽이 굳기 전에 마무리 흙손작업을 해야 한다는 것이다. 굳은 후에 흙손질을 하면 흙손에서 나오는 흙손 때가 묻어 오염되기 때문이다.

정벌 마무리가 되면 오염되지 않도록 철저히 보양해야 한다. 회반죽이나 회사반죽으로 미장하면 그것으로 마감하는 경우가 대부분이다. 은은한 석회의 색상과 질감을 그대로 사용하는데 미장작업 후의 다른 작업으로 인하여 오염되거나 파손되는 경우가 흔하다.

파손되거나 오염된 벽면은 부분적으로 칠을 하거나 미장보수하면 보수 흔적이 남거나 이색이 생겨 흉하게 되어 결국은 전체적으로 회칠을 하는 경우가 생기므로 정벌마감 후 파손이나 오염이 되지 않도록 하는 것은 품질은 물론 경제적인 측면에서 볼 때도 합리적이므로 철저히 보양해야 한다. 즉, 미장마감 후 다른 작업으로 인하여 파손되거나 오염되어 재시공하지 않기 위해서는 건축주나 현장 관리자 모두 재료의 물성을 잘 이해하고 관리하도록 해야 한다.

_5 인조석 및 테라조 현장갈기

01. 개요

인조석 바르기와 인조석 갈기는 근대건축물에 많이 사용되었던 기술이다. 그러나 현대건축에서는 다른 건축재료의 개발과 함께 시공 시 환경오염 문제 발생에 따른 규제로 이 공법 적용을 기피하고 있는 실정이다.

인조석 및 테라조 현장갈기 공법은 바닥이나 계단 등 마모가 심한 곳에 많이 사용하였으며 근대문화재로 지정된 건축물에도 사용되어 현재 근대문화재 수리 상 필요하므로 전수되어야 할 기술이다.

인조석과 테라조는 처음에는 구분되지 않다가 해방 전후부터 백시멘트, 안료 등의 사용으로 인조석 갈기가 고급화하면서 구분하기 시작하였다. 인조석 갈기는 보통 포틀랜드 시멘트를 쓰는 반면, 테라조는 백시멘트를 사용하고 필요에 따라 안료를 사용하며 갈기의 횟수를 더하고 고운 연마로 갈기를 하면서 광내기를 하여 인조석 갈기를 고급화해 인조석 시공과 테라조 시공을 구분하고 있다.

인조석(artificial stone)이란 자연석과 유사하게 인공으로 만든 돌을 가리키거나 현장 시공하는 용어의 통칭이고, 대리석(marble, limestone)이란 석회암의 변성작용에 의해서 결정질이 뚜렷하게 드러난 변성암을 말하며, 인조대리석은 대리석 조각을 섞어 인공으로 만든 돌로 물성보다는 질감에 치우친 모조적인(imitation marble) 제작방법이나 시공방법이다.

흔히 현장에서는 화강암도 대리석이라 하기도 하는데, 각각의 석재의 물성이나 질감을 구분하지 않고 모든 석재를 대리석이라 통칭해서는 안 될 것이다. 화강암일 경우 화강암 물갈기 또는 광내기로 표현하면 될 것이다. 그러나 화강암은 경도가 크기 때문에 현장에서 건식 또는 물갈기 공법의 적용이 어렵다.

02. 황동 줄눈대 및 논슬립

줄눈은 특별한 경우를 제외하고는 보통 황동 줄눈대를 사용한다. 황동 줄눈대의 규격은 줄눈머리 두께 3mm 정도, 폭 4.5mm 정도, 높이 15mm 정도를 기준으로 한다. 논슬립은 보통 황동제를 쓰고 폭은 50mm 정도가 적당하며, 홈 모양을 원형으로 하여 청소 관리가 편리하게 해야 한다.

03. 종석

종석은 백운석·한수석 등을 잘게 부순 것을 쓰며, 경도가 강하지 않아 갈기에 용이해야 한다.

종석은 보통 백색의 돌을 사용하는데, 필요에 따라 여러 종류의 색상을 선택할 수 있다. 종석은 보통 1.5~15mm 크기의 것을 사용하는데 벽이나 계단의 챌판 또는 걸레받이 부분은 1.5~9mm 정도의 작은 알갱이를 사용하고, 바닥의 경우는 2.5~15mm 정도의 굵은 알갱이를 사용한다.

04. 시멘트

인조석 갈기에는 보통 포틀랜드 시멘트를 사용하고, 고급스럽게 하거나 테라조인 경우는 백시멘트를 사용한다. 특히, 색상을 내는 경우는 백시멘트를 써야 원하는 색상을 얻을 수 있다.

보통 포틀랜드 시멘트를 쓰면 안료로 색을 내기 어렵고 컬러 종석도 원하는 색의 조화를 이루지 못하게 된다.

05. 인조석(테라조) 시공 순서

인조석 시공은 바탕 조성 → 황동줄눈 넣기 → 바닥 고름질 → 인조석 배합 → 인조석 바르기 → 인조석 갈기 → 눈메우기 → 재벌과 정벌 갈기 → 광내기의 순서로 작업한다.

06. 바탕 조성

인조석 갈기 시공을 하는 바탕은 특별한 사정이 없는 한 바닥을 수평으로 하며 복도, 베란다 물매나 특별히 물 흐름 방향으로 구배를 주어야 할 때가 있다. 바탕 조성을 할 때 원하는 구배에 맞추어 전체적인 수평이나 물매 기초작업을 해 두어야 한다.

바탕 조성은 모체에 접착이 잘되도록 하여야 하는데 모체에 레이턴스(laitance) 제거 등 청소를 잘하고 시멘트풀 칠을 한 후 시멘트풀이 마르기 전에 모르타르를 발라 구배를 잡고 표면을 거칠게 긁어 놓거나 거친 빗질을 해 놓아야 한다. 마감선이 깊지 않고 적절한 경우는 모르타르로 바탕 조성을 하지 않고 바로 황동줄눈 넣기 작업을 할 수 있다.

07. 줄눈대 및 논슬립 설치

줄눈은 균열 방지, 용이한 보수, 바름 구획, 모양을 위하여 넣는 것으로 주로 황동줄눈을 쓴다.

줄눈 나누기는 보통 90~120cm 정도로 하며, 줄눈의 최대 간격은 2m 이하로 한다. 도면에 표시가 없을 시 설치 간격은 실마다 갓 둘레에 너비 150~200mm 정도의 테두리를 남기고 그 안을 약 90cm 간격으로 나누면 모양이 좋다. 그러나 실제 시공 현장이 모두 90cm로 정확하게 나누어지지는 않기 때문에 간격 나누기는 현장 실정에 맞게 가감할 수밖에 없다.

한편, 황동줄눈으로 별 문양, 글씨 등 다양한 문양을 연출할 수 있다. 줄눈대를 넣을 실의 벽이나 기둥의 수평을 본 다음 수평과 수평을 마주 본 벽으로 하여 실이나 가는 철사를 치고 실을 따라 시멘트 1 대 모래 1 비율의 모르타르를 수평

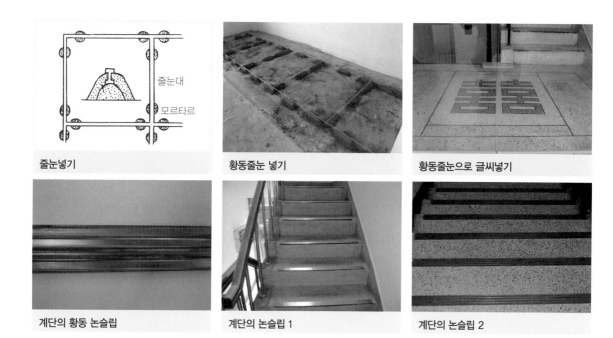

| 줄눈넣기 | 황동줄눈 넣기 | 황동줄눈으로 글씨넣기 |
| 계단의 황동 논슬립 | 계단의 논슬립 1 | 계단의 논슬립 2 |

실이나 철사를 따라 점점이 놓은 후 그 위에 황동줄눈을 살며시 눌러 대어 수평
줄눈에 맞춘 후 변형이 생기지 않도록 하여 건조시킨다.

흙손으로 정리할 수 있을 정도로 굳은 후 황동줄눈 옆으로 삐져나온 모르타르
는 작은 흙손의 날을 세워 정리하고 줄눈 안정이 부족한 부분에는 마름모꼴로 모
르타르를 바르고 정리하여 둔다. 이때 황동줄눈의 높이는 바닥에서 바르는 인조
석 크기의 1.5배 정도 높이면 적당하다. 황동줄눈을 설치한 후에는 다른 작업자
의 출입을 통제하여 파손되지 않도록 관리를 잘해야 한다.

08. 인조석 바르기

인조석 바르기에 사용되는 종석에는 다양한 종류가 있다. 크기도 소·중·대로
다양하고, 색상도 백색·청색·갈색·검정색 등 다양하므로 필요한 크기와 색상을
선택해서 작업하면 된다.

문화재로 지정된 건축물이거나 보수를 목적으로 하는 작업은 감리자나 건축주
와 협의하여 결정해야 한다. 보수작업을 통하여 기존의 질감이나 색상을 똑같이
얻기는 매우 어렵기 때문에 발주자, 감독자, 시공자 모두 어느 정도 이해된 상태
에서 작업해야 한다.

인조석 바름

인조석으로 벽체 바르기

인조석으로 바닥 바르기

　벽이나 걸레받이·계단·챌판 등 수직면을 바를 때는 종석의 크기는 주로 1.5~9mm 정도지만 5mm 크기의 종석을 쓰면 작업성이 좋다. 바닥에는 9~15mm 종석을 쓰면 종석이 갈리면서 선명한 색상을 얻을 수 있다. 종석의 크기는 작업 부분마다 다르기 때문에 적절한 크기의 종석을 선택하는 것도 장인들이 현장에서 해결해야 하는 기술이다.

　인조석 바름용 재료의 배합비는 시멘트 1 대 종석 1.5 비율로 하고, 테라조의 경우 인조석의 양을 10~20% 증가시키면 인조석 문양이 잘 나온다.

　반죽은 된 반죽으로 하여 자갈이 가라앉지 않게 해야 한다. 반죽이 질면 인조석과 시멘트가 분리되면서 블리딩(bleeding)현상이 생겨 인조석은 가라앉고 시멘트만 상부로 올라와 레이턴스(laitance)가 생기게 되고 이 상태에서 인조석 갈기를 하면 원하는 강도와 색상을 얻기 어렵다. 물과 시멘트의 비는 보통 25%이나 일반적으로 그렇게 반죽하면 너무 뻑뻑해서 작업성, 즉 워커빌리티(workability)가 너무 떨어져서 작업이 어렵다. 블리딩현상이 생기지 않는 범위에서 작업성도 좋게 적절한 반죽을 하는 것도 장인들의 몫이니 재료의 종류에 따라 가감해야 한다.

　또한, 반죽은 시멘트와 종석이 고르게 잘 섞이도록 반죽해야 하며 설치된 황동줄눈대보다 1~2mm 정도 올라오도록 바른 다음에 갈기하여 황동줄눈과 면을 같이 할 수 있게 해야 한다. 이때 종석이 균일하게 펴지도록 바르며, 특히 줄눈대나 논슬립 주변은 빈틈없이 채워 발라야 한다. 바닥 바르기인 경우 흙손으로 잘 펴지지 않으면 나무망치로 조심스럽게 두들겨 다지고 다시 쇠흙손으로 고른다.

　특히, 줄눈대 주변이 빈틈없이 채워지게 쇠흙손으로 고르게 하여야 하며 줄눈이 파손되지 않도록 주의해야 한다. 종석의 분포가 균일하지 않으면 나중에 갈기작업 후에 보면 종석이 한곳으로 몰려 얼룩이 생겨 균일한 색상을 얻기 어렵기 때문이다. 바탕 조성으로 줄눈 높이가 인조석 바름에 적당하면 줄눈작업 후 초벌 없이 인조석 바름을 하고, 줄눈이 높게 설치되었으면 된 반죽 모르타르로 초벌채움을 하고 인조석 바름을 한다.

09. 양생 및 1차 눈먹임

물 빠짐을 살피고 밟아도 변형이 없을 때 조심스럽게 다니면서 파인 부위 등을 덧먹임하고, 양생한다. 파인 부분의 덧먹임은 종석에 문제가 생기지 않았으면 동일한 시멘트 제품으로 해야 이색이 나지 않으며, 접착력이 떨어지지 않는 범위에서 된 반죽이 좋다. 이렇게 파인 곳을 때우는 것을 '눈먹임'이라 한다.

이때 종석의 탈락 등 문제가 생겼으면 채워 넣고 양생시켜야 한다.

10. 물갈기 및 슬러지 처리

물갈기는 손갈기의 경우 인조석을 바른 후 3~5일, 기계갈기는 바른 후 7일 정도가 적당하고 양생 과정에서 날씨가 추우면 더 연장해야 하므로 날씨에 따라 가감되어야 한다.

바닥 또는 넓은 면적을 갈 때는 큰 연마기로 하고, 계단 코너 부위 등을 갈아낼 때는 손갈기용 연마기로 하며, 손갈기용 기계로도 되지 않는 좁은 경우는 좁은 손 숫돌갈기를 할 때도 있다. 테라조의 경우 3회 갈기를 하면 적당하고 초벌은 #60, 재벌은 #120, 정벌은 #220으로 한다.

갈기의 요령은 평활도를 유지하면서 인조석의 본래 문양이 잘 나오는 것이 좋으므로 인조석 문양이 잘 나오도록 연마하는 기술도 필요하다.

인조석 물갈기는 물과 함께 갈기 때문에 갈기한 슬러지와 물을 어디로 몰아갈 것인지가 계획되어야 한다. 환경이 오염되지 않도록 하기 위하여 슬러지를 모아서 제거해야 하는 것이다. 인조석 물갈기는 폐슬러지가 환경을 오염시키고 작업도 번거로워 요즘에는 기피하는 작업 방식이다.

그러나 현장 용어로 인조석 갈기(도끼다시), 인조석 잔다듬(캐스트 스톤, 현장 용어로 께스통), 인조석 씻어내기(아라이다시)는 일제강점기 건축물과 더불어 근대건축물에 적용되었던 기법이며 근대문화재로 지정된 건축물 상당수에 적용된 기술이므로 이 기술도 앞으로 계속 전수되어야 할 것이다.

11. 2차 덧먹임 및 테라조 갈기

갈아 낸 부위를 점검하고 종석이 빠진 부분이나 눈먹임이 필요한 부분은 보수하고, 양생 후 갈기하여 최종 마무리를 한다. 요철이 없고 줄눈의 상부가 완전히 노출되어야 하며 이때 종석의 노출 면적 비율은 인조석의 경우 50%, 테라조의 경우 60% 정도면 좋다. 테라조의 경우 #220으로 광내기 정벌 갈기 작업 후 슬러지를 닦아 낸 후 육송톱밥으로 닦아 내며 깔아 보양을 하고 다른 공사가 마무리되면 왁스를 먹이고 광을 낸다.

인조석 재벌갈기

_6 인조석 씻어내기

건설 현장에서는 인조석 씻어내기(washing finish)를 아라이다시라고 한다. 인조석 바른 면을 거칠게 씻어 낸다는 뜻이며 일제강점기를 중심으로 발전된 공법으로 볼 수 있다. 인조석 갈기와 인조석 씻어내기는 모두 인조석을 만드는 개념이지만 시공방법에는 차이가 있다.

인조석 씻어내기는 콘크리트나 조적조의 대문 기둥, 담장, 봉당, 벽면 외부 등에 모양을 내거나 미끄럼 방지를 목적으로 시공하는 공법이다. 인조석 씻어내기는 돌출된 인조석 자체의 질감과 문양을 위하여 작업하는데 반죽이나 바름이 고르지 않으면 얼룩 형태로 매우 흉하게 된다.

인조석 씻어내기를 바닥에 시공하는 경우는 적고 주로 벽면에 사용하며, 인조석 갈기와 같이 반죽이나 바름작업을 하면 되는데 반죽과 바름작업에 특별한 주의가 필요하다.

인조석 씻어내기와 인조석 잔다듬(캐스트 스톤)은 목심을 넣어 굳은 후에 목심을 빼내 줄눈을 만든다. 줄눈 모양은 마름모꼴로 해서 목심을 빼낼 때 유리하도록 한다.

시멘트풀 반죽으로 목심을 부착하고 모르타르로 목심 주변을 발라 고정한 다음 인조석 바름을 한다.

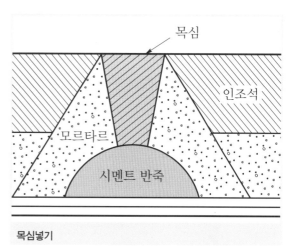

목심넣기

인조석 씻어내기의 바름공법은 인조석 갈기와 같이 하면 된다. 다만 바르고 나서 솔로 시멘트풀을 쓸어내리듯이 닦아 주면 분무기로 씻을 때 더 유리하다. 미리 붓으로 조금이라도 씻어 주는 효과가 있기 때문이다.

미장공사에서 중요한 것은 시공 과정이나 시공 후 다음 공정을 진행하는 일 모두 시간 조절이다. 이렇게 시간 조절을 잘하는 것을 물때를 잘 맞춘다고 하며 이것이 현장기술이다.

보통 시멘트는 1시간이 지나면 굳기 시작한다. 그 후 계속 굳어 가면서 강도가 증가하기 때문에 인조석 갈기와 인조석 씻어내기, 인조석 잔다듬 모두 다음 공정의 시간 조절이 매우 중요하다.

인조석 바름 후 씻어내기를 할 때 너무 많은 시간을 두면 시멘트가 굳어져 씻기지 않는다. 그러므로 인조석을 바른 후 약 1시간 정도 지나서 굳기 정도를 보아 솔로 닦아 내거나 분무기로 물을 뿌리면서 씻어 내면 된다.

이때 인조석 바름의 굳은 상태를 잘 관찰해야 하며 굳기 전에 씻어 낼 경우 인조석 알이 빠질 수 있으니 주의해야 한다. 목심 제거는 인조석 바름 상태가 충분히 굳으면서 재료의 분리현상이 발생한 후에 제거한다.

씻어 내는 깊이는 인조석 알의 1/3 정도를 씻어 내면 되며, 깨끗하게 씻어 얼룩이 생기지 않게 해야 한다. 씻어내기는 위에서 아래로 내려오면서 하는 것이 유리하다.

인조석 씻어내기

인조석 씻어내기로 시공한 대문 기둥 1

인조석 씻어내기로 시공한 대문 기둥 2

왼쪽 대문기둥을 확대한 모습

_7 인조석 잔다듬

현장에서는 인조석 잔다듬(artificial stone dabbed finish) 시공을 께스통이라고한다. 캐스트 스톤(cast stone)을 께스통이라고 하는 것도 장인들이 알고 넘어가면좋을 것이다. 께스통이라고 구전된 내용이 잘못 전달되어 석재의 버너구이 가공으로 잘못 알고 있는 사람도 있다.

결과물을 보면 처리된 점은 비슷하지만 재료나 가공 과정이 유사하지 않다. 인조석 바름은 9mm 정도(9mm 종석 사용) 두께로 하고 2~4일 정도 굳힌 다음 날망치(도르락 망치)로 쪼아 내는 것이다. 굳는 정도가 빠르면 돌알이 빠질 수 있고 너무 많이 굳으면 쪼아내기가 어렵다.

잔다듬의 경우 면 전체를 다듬는 경우도 있지만 기능이나 모양을 내기 위하여면의 일부분만 쪼아 내는 경우가 많다.

인조석 잔다듬의 시공법도 요즘 현장에서는 보기 어려운 공법이다. 그러나 근대건축물에 시공되었던 기법이고, 특히 근대문화재로 지정된 건축물에 시공된 기법이므로 문화재 관리 측면에서도 반드시 전수돼야 할 기법이다.

인조석 잔다듬 바름 상태

인조석 잔다듬 쪼아내기

인조석 잔다듬으로 시공한 대문 기둥

왼쪽 대문 기둥을 확대한 모습

6장

전통미장기술의 응용
(전통 건축기술을 활용한 친환경건축)

전통미장기술은 사실 시공이 어렵고 사용·관리상 불편한 점이 있음에도 단지 '우리 것이니까, 문화재니까'라는 논리로 관리하고 전통미장기법이 계승되어야 한다고 주장한다는 것은 현대인의 공감을 얻기가 어렵다. 따라서 자연재료를 활용하는 전통미장기술이 인체에 무해하고 환경친화적인 건축 방법으로 활용 가치와 가능성이 무한하다는 점에서 접근할 필요가 있다. 시공방법은 앞 장에서 설명했고 이 장에서는 재료의 물성과 친환경성은 그대로 살리면서 작업 방법을 기계화·개량화함으로써 현대건축에 유용하게 활용할 수 있음을 살펴본다.

_1 개요

오늘날 우리는 전통건축이 우리 것이니까 또는 문화재이기 때문에 지키고, 전통 건축기술이 전수되어야 한다고 하면서 내재된 정신만을 강조하고 있다. 이러한 생각은 전통재료와 전통 건축기술이 가지고 있는 장점을 잘 알지 못하고 있는 데서 비롯된 것이다.

그동안 현대 건축기술은 양적으로 많은 발전을 했으며 이러한 건축기술의 발전은 우리 국민생활과 경제에 기여한 바도 크지만 그 이면에는 문제점과 해결해야 할 과제가 많다. 현대건축은 비친환경적이라고 하는 큰 문제점를 가지고 있는데 이러한 문제는 경제성을 강조하는 현대인들이 만들어낸 결과물이다.

안타까운 것은 현대건축의 문제점을 해결할 수 있는 방안들이 이론적 구호에 그치고 있다는 사실이다. 그 사례로 건축 관련 규정에 친환경, 저탄소 등의 내용이 포함돼 있지만 실제는 실효성 없는 구호에 그치고 있다.

이에 필자는 전통재료를 활용한 전통 건축기술을 내재된 정신만 강조하거나 장식적 수법으로만 볼 것이 아니라 현대건축에 활용할 수 있는 대안으로 제시하고자 한다.

오랜 세월 흙의 사용기술이 자연스럽게 이어져 왔음에도 현대건축 재료의 발달로 인하여 자연재료 사용을 기피하게 되고, 이러한 현상은 자연친화적 건축기술 유지와 기술 보급을 어렵게 하고 있다.

현재 우리는 사람의 허파와 같은 산림을 훼손하고, 화석원료를 사용해 가공한 건축재료로 집을 짓고, 그 집에서 사는 동안에 좋지 않은 증후군에 시달리고 있다. 마지막에는 건축 폐기물 처리 문제까지 심각하게 발생하고 있다.

이러한 문제의 해결을 위해서 자연재료를 사용하는 건축기술인 전통미장기술이 대안이 될 수 있다. 가공되지 않은 흙을 사용하고, 천연 풀을 사용하며, 자연환경에 순응하는 시공으로 형식만 친환경건축인 허울에서 벗어나 인간의 건강에 도움이 되는 진정성 있는 친환경건축이 가능한 것이다.

누누이 말해 전통미장기술을 현대건축에 응용하는 것은 어떤 특정 건축물에만 가능한 것이 아니고 모든 건축물에 가능하므로 전통미장기술의 맥을 잇고 확대 보급해야 할 필요가 있다.

_2 시대 변화에 따른 건축환경의 변화

인간이 살아가는 데 기본적으로 필요한 것은 의식주다. 인간은 그동안 의식주의 기본 요소를 채우기 위하여 양적인 성장에 주력해 왔다. 몸에 좋은 음식보다는 배를 채우는 것을 더 중요시하였고, 외관을 중요하게 생각해 화학섬유의 옷을 입었고, 인체에 유익하지 않은 재료를 사용한 건축물에서 생활해 왔다.

그리하여 인간은 이러한 양적 발전 과정에서 발생한 많은 문제에 시달려 왔고, 양적 발전에서 벗어나 질적 발전으로 전환하여야 하는 것이 현재 우리가 당면한 과제다. 한 걸음 더 나아가 좁은 의미의 삶의 질을 떠나서 보다 넓고 미래지향적 의미의 삶의 질을 추구해 나가야 하는 것이다.

농약 성분이 있거나 유전자 변형된 농산물을 배제하고 친환경 농산물을 먹고, 화학섬유 옷을 벗고 자연재료 옷을 입고, 집을 짓는 것도 단순한 편리성과 기능 위주에서 벗어나 새집증후군 등에 시달리는 건강에 해로운 집이 아니라 사람에게 유익한 집을 짓는 것이다.

이제 건축의 목표는 좁은 의미에서 인간 위주의 한정된 사고에서 벗어나 우리가 살고 있는 지구라고 하는 넓은 의미의 집을 생각하고 접근해야 하는 것이다.

_3 현대건축 재료의 문제점

01. 개요

친환경건축은 인간과 동식물의 생존이나 생활에 영향을 미치는 자연적 조건이나 상태에 피해를 주는 것을 최소화하면서 주거환경 역시 쾌적하게 만들기 위한 목적의 건축을 말한다.

그러나 지난 수십 년간 정책적 장려 때로는 강압에 의해 무분별하게 슬레이트나 석면, 포르말린, 화학 본드, 유해성 시멘트 등을 사용했던 것이 엄연한 사실이다. 지붕 개량용 슬레이트에 삼겹살을 구워 먹거나 사무실에 석면텍스를 아무런 생각 없이 사용하였던 것도 공공연한 사실이다.

이렇게 무분별하게 유해물질의 건축재료를 사용한 결과 우리 현대인이 각종 질환에 시달리고 있는 것은 아닌지 살펴봐야 할 부분이다.

02. 석면

요즘은 슬레이트 석면의 사용을 규제하고, 철거할 때는 신고하고 허가를 받아야 하며, 안전장비를 갖추고 작업하도록 법으로 규정하고 있다. 석면은 세계보건기구(WHO)의 국제암연구소(IARC)에서 지정한 1급 발암물질로, 15~40년 동안의 잠

복기를 거쳐 폐암이나 늑막·흉막에 악성 종양을 일으킬 수 있는 것으로 밝혀졌다.

03. 시멘트

원래 시멘트는 석회석에 점토, 철광석, 규석을 섞은 뒤에 연탄으로 구워서 만들었다. 그런데 시멘트를 만드는 기술이 변화하면서 자연재료가 아닌 시멘트를 사용하는 시공 현장이나 시멘트로 지은 건축물에서 생활하는 사람들은 시멘트의 유해성에 노출되어 있다.

시멘트 독성은 알레르기, 아토피성 피부 질환과 호흡기 질환을 일으키고 면역계와 자율신경계, 호르몬계의 균형을 깨뜨린다고 알려져 있다. 그러나 시멘트 독성은 염증이나 감기를 일으키는 세균, 바이러스처럼 직접적인 방식으로 사람을 병들게 하지는 않기 때문에 이를 심각하게 생각하지 않는 것이 문제다.

04. 휘발성 유기화합물(VOCs)

휘발성 유기화합물(Volatile Organic Compounds)은 수많은 유기화합물의 총칭으로 발생원뿐만 아니라 종류도 매우 다양하여 휘발성 유기화합물에 대해 나라마다 조금씩 다르게 정의하기도 한다.

우리나라 대기환경보전법은 탄화수소류 중 석유화학제품, 유기용제, 기타 물질로서 환경부장관이 관계 중앙행정기관의 장과 협의하여 고시하는 것으로 정의하고 있다.

휘발성 유기화합물 종류로는 아세트알데히드, 벤젠, 에틸렌, 프로필렌 등이 있다. 집 안에서 휘발성 유기화합물의 발생원을 살펴보면 오염된 공기의 실내 유입, 복합화학물질로 만들어진 건축자재, 내화재, 플라스틱제품, 각종 살포제 등 매우 다양하다.

휘발성 유기화합물은 점막 자극, 두통, 구역질, 현기증과 같은 증상을 일으키며 사용자의 건강에 큰 영향을 준다.

05. 포름알데히드(formaldehyde, HCHO)

포름알데히드는 실온에서 자극성이 강한 냄새를 가진 무색의 가연성 기체를 말한다. 물에 잘 녹아 보통 35~38% 농도의 수용액을 만들어 사용하는데 포르말린이라는 이름으로 시판되어 쓰인다. 포르말린은 주로 살균 방부제로 사용된다.

포름알데히드는 포르말린 제조, 합판 제조, 합성수지 제조, 화학제품 제조, 소각로, 석유 정제, 유류 및 가스 연소시설에서 주로 발생한다.

인체에 대한 독성이 강하여 실내 공기 중에 포름알데히드가 1~5ppm 정도만 있어도 눈·코·목을 자극하며, 가스로 흡입하면 인두염이나 기관지염을 일으킨다.

한 보고서에 따르면, 공기 중 30ppm 농도에 1분간 노출되면 기억상실이나 정신 집중 곤란 등의 증상이 나타나며, 100ppm을 마시면 인체가 치명적인 영향을 받게 된다.

06. 유해 건축재료의 문제 해결

과거에는 이러한 문제에 대한 심각성을 깨닫지 못하고 유해물질이 나오는 건축 자재를 사용하여 건물을 지었기 때문에 새집증후군(Sick House Syndrome) 등 실내 환경에 많은 문제가 발생하였다.

그러나 지금도 이러한 문제에 대하여 법이 정한 기준에 맞추려는 정도지 실제 사람이 살아가는 데 무해유익한 측면으로의 접근은 제대로 이뤄지지 않고 있다.

따라서 인체에 유해한 건축재료의 사용을 금지하기 위해서는 건축자재의 사전 적합제도 시행을 확대하고 법규정을 보다 엄격하게 적용하여야 한다. 그리고 그 대안으로 1차 가공도 거치지 않은 자연재료인 흙이나 나무, 석재의 사용을 확대하는 방향으로 나아가야 할 것이다.

석면·슬레이트·포르말린 사용에서 드러난 것처럼 그 문제점이 즉각적으로 나타나지 않는다고 위험성을 간과하지 말고 후대의 건강과 안전까지 걱정하는 모두의 관심이 필요하다.

_4 흙집의 유형

　한반도에서 집을 짓는 데 흙을 활용한 것은 신석기시대의 움집에서 시작되었으나 이때는 벽체나 천장에 흙을 사용하기보다는 주로 바닥에 사용하였다. 그러므로 이때의 집을 흙집으로 보기는 어렵다.

　진정한 의미의 흙집은 바닥이나 벽체 또는 천장에 흙을 이용하여 구조체를 만들거나 주마감재료로 사용했을 때의 흙집이라고 해야 할 것이다. 또 오늘날처럼 화학약품이 첨가된 황토 모르타르나 흙을 일부분 시공한 집을 흙집이라고 할 수는 없다.

　흙집을 짓는 공법은 다양하다. 우리 전통건축인 궁궐·사찰·한옥과 같은 목조와 흙을 반죽하여 틀에 넣고 다진 후에 탈형해 건조시키거나 구운 흙벽돌조, 돌을 흙반죽으로 쌓아 벽체를 만들고 흙마감을 하는 토석담공법, 일정 형틀을 만들고 흙을 다져 넣어 벽체를 만드는 흙다짐공법, 지름 20cm 정도 굵기의 껍질만 벗긴 통나무를 눕혀 쌓아 네 귀퉁이 귀부분에서 엎을장, 받을장으로 홈을 파 맞춘 방법으로 짓는 귀틀집, 흙을 자루에 담아 조적식으로 시공하는 흙자루(흙마대)공법, 굵은 나무토막이나 장작을 벽체 두께로 반죽된 흙으로 쌓아 가는 목천공법, 볏짚을 쌓고 흙을 붙여 마감하는 볏짚단(스트로베일)공법 등 여러 가지다.

　이러한 공법들은 한국식 전통 건축기술이거나 서양 건축기술이 도입된 경우도 있다. 이들은 각각 장점과 단점을 가지고 있다. 중요한 것은 자연재료의 활용은 그 나라의 자연환경과 밀접한 관계가 있다는 사실을 먼저 고려해야 하며 그 지역의 자연환경을 고려하지 않은 건축은 자연친화적 건축으로 보기 어렵다는 것이다. 특히, 흙집을 지을 때는 먼저 동결, 풍우, 지진으로 인한 재료의 파손이나 습기 등으로 인한 부패·부식의 문제를 생각해야 한다.

_5 적용 가능성

대부분의 사람들은 전통 건축기술을 현대건축에 적용하는 것이 불가능하다고 한다. 전통건축하면 재료의 공급과 시공기술에 있어 수십 년, 수백 년 전의 환경으로 생각하고 있기 때문이다.

사람들은 손으로 목재를 벌목하고 수공구를 이용하여 가공하며, 외가지를 산에서 일일이 하나씩 채취하고, 흙은 지게를 이용해 산에서 파 나르고, 삽이나 괭이를 이용하여 반죽을 했던 어려운 환경을 생각하는 것이다.

사실 이러한 작업 방법을 현대건축에 적용하려 한다면 건축이 불가능할 것이다. 그러나 현재의 상황은 설계도면만 컴퓨터에 입력하면 목재가 가공되어 나오고, 흙을 공급하는 전문업체가 따로 있으며, 운반이나 반죽 모두 기계로 할 수 있으니 자연재료를 활용한 건축이 가능한 것이다. 기계장비를 활용하는 것이 인건비 면에서도 경제적이고, 재료의 친환경성과 기능을 그대로 살리면서 작업 능률은 향상된 공법 적용이 가능한 것이다.

전통미장기술은 긍정적인 측면에서 접근하면 현대의 모든 건축물에 응용·활용할 수 있는 기술이므로 앞으로 이러한 기술 보급으로 건축재료 역시 친환경 재료가 많이 활용되어야 할 것이다.

6 흙재료의 효능

전통건축은 바닥이나 벽, 지붕에 흙을 쓴다. 흙재료의 효능은 다음과 같다.

① 시멘트나 다른 건축재료를 만들기 위한 원석 채취, 재료 채취로 자연환경이 훼손되는 것을 예방할 수 있다.

② 건축재료의 생산 과정에서 생기는 오염물질을 줄일 수 있는 기능을 한다.

③ 습도 조절능력이 뛰어나고 단열 성능이 좋으며 생명력이 있는 친환경적인 건축물을 만들 수 있다.

④ 우수한 탈취 기능이 있다. 예를 들어 집안에서 생선을 굽거나 흡연을 하는 경우에 발생하는 악취 제거 기능이 탁월하다.

⑤ 항균·방부작용이 뛰어나다. 실제 몇백 년이 된 벽체를 조사하여 보면 흙으로 덮여 있는 외엮기 재료가 미라처럼 그대로 보존되어 있는 것을 볼 수 있다.

⑥ 흙(황토)은 원적외선 방사량이 많아 인체의 세포운동을 촉진시키고, 온열효과로 혈액순환을 촉진시키며, 공명 흡수작용에 의하여 물질의 분자운동을 유발하여 신진대사를 촉진시킨다.

⑦ 흙재료로 지은 흙집은 암환자나 당뇨병·고혈압 등 성인병 환자의 치료에 도움을 주고, 노인들의 잔병·관절통·신경통·스트레스·과로 해소에 효과가 있는 건강주택이라 할 수 있다.

⑧ 연구 결과에 따르면 시멘트벽에 1cm 두께의 흙만 발라도 흙집과 비슷한 효과가 있다고 한다.

_7 흙의 활용 사례

중국 최고의 지리서 산해경

- 황토를 질병 치료에 효험이 있고 귀한 약초와 광물을 자라게 하는 생과 사의 매개물로 다뤘다.

본초강목

- 황토가 비(脾)와 위(胃)에 깊이 관계한다고 하여 황토를 해독제와 제독제로 사용했다.

동의보감

- 호황토라 하였으며 설사와 이질, 열독에 의한 뱃속 통증, 야채 독소, 말고기 독, 간 중독 등의 치료제로 사용했다.

산림경제

- 소나 말의 병 처방에 황토를 사용하였고 기생충으로 고통을 받을 때 사용했다.

고종황제의 왕실 양명술

- 황토 염욕법으로 사람이 황토의 기운을 받도록 했다.
- 관절염, 요통, 허약체질, 부인병, 변비, 숙변 제거에 큰 효험이 있다고 보았다.

향약집성방

- 냉이나 열로 생긴 설사, 뱃속이 열독으로 쥐어짜듯 아프고 하혈할 때에 황토를 끓여서 가라앉힌 물을 마셔 치료하였다.
- 약물 중독, 어육 중독, 버섯 중독, 산모의 몸이 퍼렇게 부으면서 아픈 혈수증에도 사용하였다.

의림찬요

- 황토는 음양을 조화시키고 모든 독을 풀어 주며 어혈을 풀고 상처를 낫게 한다고 기록돼 있다.

의방유취

- 하혈이나 배나 가슴에 어혈이 있을 때 황토탕을 사용하였다.

천금방

- 토혈에 황토탕을 사용하였으며, 여기에는 복룡간(伏龍肝)을 사용하였다.

조선조 궁중의학

- 냉증을 만병의 근원이라 하여 황토방을 만들어 원적외선을 많이 받게 하여 배앓이, 설사, 위궤양, 내출혈, 어혈, 수족의 뒤틀림, 변비, 동맥경화, 위장병, 고혈압의 치료에 사용했다.

_8 벽붙임 황토 시공방법

01. 개요

기존 벽체에 세로재·가로재를 전통미장의 외엮기 방식을 응용하여 개량한 것이다. 전통미장과 같이 새끼줄로 엮는 것이 아니고 기계(전동 절단기, 에어타카)를 이용하여 못을 박아 대고 전통적 흙미장기술을 적용하는 기법이다.

02. 재료 준비

중깃용 샛기둥은 방부목이 아니고 오염되지 않은 것으로 주문하고 가로외 기능을 하는 횡으로 대는 졸대나 대나무도 오염되지 않고 잘 건조된 것으로 구입해야 한다.

흙을 바르는 것이므로 흙 속의 골격이 건조되지 않아 곰팡이가 생기거나 부패할 우려가 있으므로 건조된 나무를 사용하도록 주의해야 한다.

현대건축물에 흙 시공을 하기 위해서는 재료 준비에 세심한 주의를 기울여야 한다. 특히, 작업 환경에 따라 운반 문제 등을 고려해서 포장단위와 규격을 결정해야 한다. 아파트에 시공할 때 톤 단위로 흙을 준비하면 엘리베이터 등으로 운반하기 위하여 재포장을 해야 하고 주변 환경이 황토로 오염될 수 있으니 소포장 단위로 구입하는 것이 좋다. 25~30㎏ 단위로 포장된 흙이 있으니 편리하게 구입하여 사용할 수 있다.

흙을 구입할 때 주의해야 할 것은 오염되지 않은 흙을 구입하는데 공을 들여야 한다는 것이다. 최근에는 흙을 판매하는 곳이 많은데 농사를 짓던 곳이나 부엽토가 섞인 표토부분을 판매하는 곳도 있으므로 품질에 대한 확인이 필요하다. 백토는 공급하는 곳이 많지 않아 어려움이 있지만 백토 역시 품질을 보장할 수 있는 청정지역에서 생산한 것을 구입하여 사용하도록 해야 하며, 원하는 색을 내기 위해서는 백토의 순수한 색도가 나올 수 있는 품질의 것을 선택하여야 한다.

표 6-1 토양환경보전법상 토양오염 우려 기준(제1조의 5 관련)　　　　　　　　　　(단위: mg/kg)

물질	1지역	2지역	3지역
카드뮴	4	10	60
구리	150	500	2,000
비소	25	50	200
수은	4	10	20
납	200	400	700
6가크롬	5	15	40
아연	300	600	2,000
니켈	100	200	500
불소	400	400	800
유기인화합물	10	10	30
폴리클로리네이티드비페닐	1	4	12
시안	2	2	120
페놀	4	4	20
벤젠	1	1	3
톨루엔	20	20	60
에틸벤젠	50	50	340
크실렌	15	15	45
석유계 총 탄화수소(TPH)	500	800	2,000
트리클로로에틸렌(TCE)	8	8	40
테트라클로로에틸렌(PCE)	4	4	25
벤조(a)피렌	0.7	2	7

매우 안타까운 일은 대청이나 침실에 고순도의 생석회를 피워 하얗게 발라야한다고 생각하고 작업하는 작업자가 있고, 건축주의 요구에 의하여 석회나 백시멘트를 바르는 경우도 있다는 것인데 전통적으로 실내부분에는 백토를 발라 사용했음을 알아야 한다. 100여 년 전에는 궁궐이나 고급 집에 백토를 사용하였던 것을 생각할 때 현재 백토 사용에 대한 관심도 부족하고 기술의 맥이 끊긴 점은 몹시 아쉽고 안타깝다.

백토마감일 경우 백토반죽으로 재벌하고, 황토마감인 경우 황토로 재벌을 하면 될 것이다. 이때 가능한 한 석회를 섞지 않는 것이 좋다. 석회는 강알칼리성으로 개미 등 곤충의 서식은 예방할 수 있지만 인체에 좋은 영향을 주지 않는다. 석회는 강도나 풍우에 대한 저항력을 높이기 위하여 외부에 사용하면 좋은 재료인데 반해, 내부에는 조심스럽게 사용해야 한다. 이러한 강알칼리성이 중성화하려면 오랜 시간이 걸리기 때문이다.

건축재료의 pH는 사람의 pH와 비슷하면 좋다. 백토성분 분석표에 따르면 백토의 pH는 8로 중성에 가깝다. 사람의 pH는 7.4의 중성이므로 강알칼리나 강산성의 재료는 좋은 재료가 아니다.

03. 미장 바탕의 요구 성능

미장공사를 하기 위해서는 바탕 상태가 좋아야 한다. 만약 바탕 상태가 불량하면 재조정해야 한다. 미장 바탕에 요구되는 성능은 내구성이 강해야 하고, 바름 재료의 부착성이 좋아야 하며, 화학적 적응을 할 수 있는 내약품성이 있어야 한다는 것이다. 또한, 평탄하고 요철이 적어 미장하기 편리해야 하고, 변형되지 말고 안정성 및 강성이 있어야 한다. 온도와 습도에 의한 수축·팽창도 적어야 한다. 그러나 벽붙임 시공기술은 모든 건축물에 적용이 가능하여 바탕 조성에 큰 어려움은 없다.

04. 단열시공

현대건축물에 흙 시공을 할 때 단열에 대하여 걱정하는 사람이 있다. 그런데 외단열을 하여 내단열이 필요 없는 경우는 시멘트벽이나 보드판 벽에 중깃용 샛기둥을 바로 붙이면 된다. 내단열이 필요한 경우는 중깃용 샛기둥을 붙이기 전에 먼저 단열시공을 하는데 각재를 세워 댄 후 못이나 나사못으로 고정하면 간단히 단열시공을 할 수 있다. 이때 단열재는 롤 형식의 단열재가 시공에 유리하며 에어타카를 이용하여 못을 박을 때 파손되지 않는 단열재료면 좋다.

단열재가 파손될 우려가 있는 경우는 중깃용 샛기둥을 세우고 기둥 사이에 재단하여 채워 넣는 방법도 있다. 이런 단열공법을 적용할 때는 기밀성을 유지하도록 꼼꼼히 작업해야 한다.

숯을 이용한 단열재를 사용할 때는 중깃용 샛기둥을 붙이고 난 후 아래부터 초벌미장을 해 가면서 숯을 채워 올라가면 숯을 이용한 단열 및 공기층이 형성되어 쾌적한 실내를 만들 수 있다.

05. 졸대 붙이기

흙재료를 시공하는 바탕은 조적조 바탕, 나무졸대 바탕, 외 바탕, 철망 바탕, 콘크리트 바탕, 보드 바탕 등이 있다.

흙재료의 바탕은 크게 두 가지로 나눌 수 있다. 첫째는 조적조 바탕, 라스 바탕, 콘크리트 바탕에 두께를 5~18mm 정도로 하는 일반적인 미장방식과 둘째는 졸대나 외 바탕과 같이 초벽을 치고 재벌과 정벌을 하는 방식이다.

일반적인 미장방식은 두께를 18mm 이하로 얇게 바르는 경우고, 두께를 18mm 이상 바를 때는 외엮기 방식을 응용하여 각재를 세로로 벽에 못이나 나사못을 이용하여 박아 대고, 대나무나 가는 졸대를 가로로 못을 박아 댄다.

세로로 벽에 부착하는 각재는 전통미장에서 중깃의 역할을 하며, 가로로 대는 대나무나 졸대는 외대의 역할을 한다. 오늘날은 도구의 발달로 이러한 작업도 편리하게 할 수 있다. 세로로 벽에 대는 중깃 대용의 각재 간격은 20cm 정도로 하고 전기 박스나 장애물이 있는 경우는 피하면서 좁혀 부착해야 한다.

이때 콘크리트나 시멘트벽돌 조적조인 경우 에어타카를 이용하여 콘크리트못을 박아 대고, 보드판인 경우는 나사못을 박아야 한다. 가로재 외대 대용의 대나무나 졸대 간격은 안목치수로 3cm 정도면 적당하다.

외대의 부착은 에어타카를 이용하면 좋은데, 이때 핀은 422이나 1022를 이용하면 좋다. 중깃용 각재를 벽체에 박을 때는 견고하게 박아야 하며, 가로로 대는 외대도 탈락되지 않도록 건너뛰지 말고 견고하게 박아야 한다.

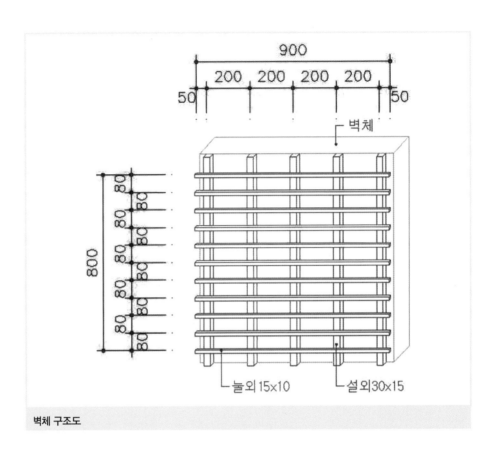

벽체 구조도

황토의 효과는 황토의 양과 비례되므로 가능한 한 황토량을 증가시키는 것이 좋다. 습도나 항균·탈취 기능을 기대하면서 최소한의 흙을 사용한다면 사실상 효과를 보기가 어렵다.

흙은 다공질로 되어 있는 벌집 형태며 스펀지와 같은 역할을 한다. 실내가 다습하면 습기를 빨아들이고 건조하면 습기를 내뿜어 습도 조절을 한다.

이와 같은 흙의 효능을 기대한다면 벽체에 흙을 얼마의 두께로 해야 할 것인지는 사용자가 결정해야 할 일이다. 건조에 문제가 없는 환경이라면 벽체의 두께는 자유로이 조절할 수 있는 기법이므로 편리하게 작업할 수 있다.

06. 창문틀과의 관계

졸대 바탕을 만들어 흙작업을 할 경우 미리 계획을 세워 벽체의 두께를 결정하고 그 두께에 따라 창문틀을 시공해야 한다. 흙마감을 하는 벽체를 시멘트미장

중깃 세우기

외대치기를 한 후 모습

외대치기 전경

마감이라고 생각하고 작업해서는 안 된다.

시멘트는 자체 강도가 있어 모서리부분을 보호하는 부재가 없어도 사용상 문제가 없으나 흙미장의 경우는 창틀 주변에 모서리가 생기면 안 된다. 사용 도중 파손의 우려가 있기 때문에 모서리에는 코너비드를 사용하여야 하며 창틀을 마감면보다 2~3mm 정도 더 크게 해 흙미장의 모서리가 생기지 않도록 창틀을 넣어야 한다. 창틀에 홈을 만들거나 소란대를 설치하여 재료의 분리현상으로 생기는 틈서리를 예방하도록 하면 좋다.

07. 초벽치기

초벽치기의 재료 사용이나 반죽은 전통미장과 같은 방법으로 하면 된다.

초벽은 전통 외엮기 벽체에서도 바르는 것이 아니라 치는 것이지만 여기서는 치거나 눌러 바르는데 힘을 좀 더 줄 필요가 있다. 벽체에 흙이 밀착되어 공간이 생기지 않도록 치면서 눌러 주어 외대와 벽체 사이에 밀착되어 공극이 생기지 않도록 해야 한다.

전통벽체와 달리 건조에 좀 더 신경을 써야 한다. 전통벽체는 흙벽이기 때문에 외기와 순환작용을 하지만 시멘트나 보드를 사용한 벽체 내부에 흙작업을 하는 것이므로 통기에 문제가 생긴다. 이로 인하여 건조가 늦어질 수 있으며 중깃이나 외대, 여물인 볏짚에 곰팡이가 생길 수 있으며 심하면 부패할 수도 있다.

이러한 현상을 예방하기 위해서 봄과 가을에 작업하는 것이 좋고, 그렇지 않은 경우 열기구나 강제 환기를 시키면 시기와 관계없이 작업할 수 있다. 봄과 가을에 초벽치기 작업을 하여도 주변에 나무가 많거나 습한 지역은 강제 건조를 시키는

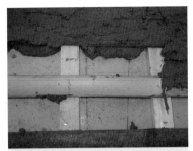

초벽치기 1

초벽치기 2

천장 바르기

것이 유리하다. 흙의 성질상 한 번 잘 건조하면 그 후부터는 자기 몸을 잘 관리 조절하므로 초기에 건조를 잘 시켜야 한다.

08. 고름질 및 재벌

외대를 취부한 부분에서 초벽을 치기 때문에 초벽면이 평활하게 된다. 그러므로 일반적인 미장에서 요구되는 고름질 공정은 생략해도 된다. 고름질은 재벌 전에 면의 평활도 유지를 위하여 작업하는 공정이므로 불필요한 공정을 위하여 시공비용을 낭비할 필요는 없다.

재벌은 정벌과 같은 재료를 사용하는 것이 좋다.

재벌바름에 있어 균열 예방을 위하여 국내산 삼여물을 사용하면 좋으나 가격이 비싸므로 외국산 삼여물이나 종려털 또는 마닐라 로프를 절단하여 사용하고 볏짚을 섞어도 된다. 이때 볏짚은 2~3cm로 잘라 믹서기로 볏짚여물이 잘게 부서지도록 믹서해 사용하면 된다.

그리고 재벌미장면에 균열이 발생하지 않도록 초벽 때보다 모래의 비율을 높여 준다. 이때 정벌미장의 모래 비율보다 높으면은 안 된다.

09. 정벌바름

정벌바름은 전통미장 부문의 사벽마감 기법과 유사하다. 사벽은 흙에 세사를 배합하거나 또는 흙이 많이 섞인 마사토에 풀이나 여물을 섞어 반죽하여 바르는 것을 말한다.

풀을 만드는 방법은 진말(밀가루) 또는 찹쌀, 수수쌀 1 대 물 6~7 비율로 하여 풀을 쑨 다음 풀 1 대 물 3~5의 비율로 희석하여 사용하면 된다(자세한 내용은 전통미장 재료 풀편 참조).

정벌 상태에서 벽지를 바르지 않고 사용하는 경우가 많이 있는데 이런 경우에는 정벌마감 시 얼룩이 생기지 않게 하고 작업 후에 오염되지 않도록 조심해야 한다. 회벽마감과 같이 페인트나 도배작업을 하지 않고 사용하는 경우가 많기 때문에 작은 흠이나 얼룩이 있어도 벽면 전체를 재시공해야 하는 경우도 발생할 수 있다.

10. 맥질(흙 페인트)

최근에는 도배지나 풀에서 나오는 유해성분 또는 심미적 효과 때문에 도배를 하지 않고 황토나 백토를 그대로 노출시켜 사용하고자 하는 사람이 늘어나고 있다. 그런데 천연스럽게 돌과 흙으로 구들을 놓고 마감은 시멘트로 하는 경우와 흙으로 벽마감을 하고 일반 페인트로 칠을 하는 경우가 있어 매우 안타까운 일이다. 방바닥을 흙으로 마감하면 약해서 사용할 수 없다거나, 벽을 흙으로 마감해서는 사용이 어렵다거나 하는 이유로 시멘트나 페인트를 사용하는 것은 잘못된 상식이다.

풀물을 만들고 흙을 풀어 고운 천으로 짜거나 체로 걸러 칠하면 간단한 흙마감이 가능하고 좋은 질감을 얻을 수 있으며 흙먼지도 일어나지 않는다. 이렇게 하는 것을 맥질이라고 한다.

맥질은 정벌마감이 잘 마른 후 흙물을 잘 저어가면서 솔로 칠하면 되는데 1회에 마감이 안 되면 2회 정도 칠하면 된다. 건조되기 전에는 잘 보양해야 하지만 통풍이 잘되게 하여 풀이 부패되지 않도록 해야 한다.

해초풀은 봄이나 가을과 같이 잘 마르는 기후 조건에서 사용하는 것은 무방하지만 잘 마르지 않는 조건에서는 사용하지 않는 것이 좋다. 해초풀은 끓일 때부터 냄새가 좋지 않고 시공 후 속히 마르지 않으면 부패하여 냄새가 고약하게 나기 때문에 특히 통풍이 잘되지 않는 실내 시공에는 부적합하다. 해초풀은 굳으면 방수성이 있어 비바람을 막아주는 기능이 있고 내마모성도 있어 외부에 사용하는 것은 좋다.

_9 한옥구조의 벽체 단열시공

단열이 되지 않아 춥다는 것이 전통한옥의 대표적인 단점이다. 이러한 단점을 해결하기 위한 방법이 외엮기 방법의 개량공법이다.

기존의 전통건축 미장기법에서는 중깃을 끌작업을 해서 넣고 외대를 새끼줄로 일일이 엮어 심벽을 만들어 작업을 하였다. 기존의 한옥 벽체들을 살펴보면 인방 두께가 얇아 3치나 4치 벽도 많고, 아주 작은 인방은 7cm 정도의 두께도 종종 있다. 이렇게 벽 두께가 얇으니 당연히 추울 수밖에 없었다.

그래서 현재는 단열을 위하여 인방 두께를 두껍게 하는 방향으로 가고 있다. 그런데 인방 두께를 두껍게 하면 벽 두께를 두껍게 할 수는 있으나 시공이 그만큼 어려워질 수 있고 목공사 비용이 많이 든다.

이런 문제를 해결하기 위한 방법이 개량공법이다. 자연재료가 가지고 있는 본래의 기능은 그대로 살리면서 기계를 이용하여 시공을 편리하게 하는 공법이다.

개량심벽은 전통미장의 중깃을 넣는 방법과 같은 간격과 크기로 하면 되는데, 중깃을 끌로 파서 넣는 것이 아니라 못을 박아 대고 졸대로 탈락되지 않게 타카를 이용하여 못을 박아 대는 방식이다. 외엮기도 새끼로 엮는 것이 아니라 타카를 이용하여 못을 박아 시공하는 것이다.

전통미장에서는 내측에서 외엮기를 하였으나 단열을 포함한 개량방법은 양면에 외대를 댄다. 이때 전통방식과는 반대로 외부에서 외대를 타카로 상부까지 모두 치고 초벽을 친 후 건조시킨다. 초벽이 어느 정도 건조되면 내벽에 외대를 치고 단열을 위하여 숯이나 짚버무리 등 친환경 단열재를 넣는다.

내벽에 맞벽용 외대를 치는 방법은 아래에서 위로 40cm 높이로 외대를 치면 안에서 친 초벽과 외벽에서 친 맞벽 사이에 중깃의 크기에 따라 다른 공간이 생긴다. 이러한 공간에 필요한 단열재를 넣고 상부로 올라가면서 반복하여 시공하면 된다.

초벌작업 시 필요하면 균열 예방을 위하여 눈이 크고 성근 마대를 붙이고 흙손으로 눌러 주면 좋다. 그 후 재벌·정벌마감은 전통 마감기법과 같이 하면 된다. 참고할 것은 인방 두께가 얇은 경우도 안 평벽, 밖 심벽 구조로 하여 상기와 같은 방법으로 벽 두께를 자유로이 조정할 수 있어 단열효과를 높일 수 있다는 것이다. 따라서 이 공법은 기둥이 커야 인방 폭이 넓어지고 벽 두께가 인방 두께에 따라야 한다는 고정관념에서 벗어나야 한다. 이때 벽체의 두께는 내부에 수직으로 덧대는 중깃의 두께와 비례한다.

_10 현대식 흙미장

01. 개요

 일반 벽체에 하는 흙미장은 현대건축의 시멘트모르타르 미장과는 다르다. 흙손으로 벽과 바닥을 바른다는 점은 유사하나, 시멘트의 물성과 흙의 물성이 다르기 때문이다.

 벽미장의 경우 바탕 처리를 해야 하는 것은 일반미장과 유사하지만 시멘트모르타르는 1시간이 지나면 굳기 시작하고, 흙미장은 온도·습도·바람 등 날씨와 관계가 있다. 시멘트모르타르 미장은 짧은 시간 안에 결과물에 대한 품질을 알 수 있지만 흙미장은 완전히 마르기까지 장시간 후에 품질을 알 수 있다.

 종종 현대식 미장에 익숙한 장인들이 재료의 물성을 이해하지 못하고 흙을 시공하여 하자가 발생한 사례를 볼 수 있다. 사실 흙손질을 할 줄 아는 기능인들은 재료의 물성만 이해한다면 흙미장을 하는데 어려움이 없을 것이다.

 흙미장 시공에 대한 수요가 점점 늘어나고 있으므로 앞으로 흙미장에 대한 물성을 이해하고 기능을 익히는 것이 좋을 것이다. 손으로 작업한다는 기능의 본질은 같지만 과학기술의 발전과 삶의 질 향상을 위한 인간의 욕구는 계속되므로 요구되는 욕구에 부합된 방향으로 발전되어야 할 것이다.

02. 바탕 처리

일반적으로 흙미장 시공방식은 바탕에 따라 다르다. 벽이 합판벽, 콘크리트 바탕, 시멘트블록 바탕, ALC블록 바탕, 라스 바탕, 흙벽돌 조적조 등 다양하기 때문이다.

바탕의 조면성에 따라 부착력의 영향이 크므로 흙벽돌조나 시멘트벽돌 조적조는 중간 접착 보강재를 사용하지 않고 직접 바탕에 시공하여도 박락되지 않는다. 다만 이때에도 시멘트모르타르 미장과 같이 바름 두께를 한 번에 시공해서는 안 되며 얇게 한 번 바르고 이어서 발라 균열이나 박락이 발생하지 않도록 한다.

흙벽돌의 경우 같은 기경성 재료이므로 접착에 있어 호환성이 있고, 시멘트벽돌조는 벽돌 자체의 조면성과 쌓기용 모르터 부분의 요철이 접착성을 증대시켜 박락을 예방한다.

그런데 합판벽이나 콘크리트 바탕, 시멘트블록 바탕, ALC블록 바탕은 반드시 바탕 처리를 해 주어야 한다. 이러한 바탕면의 처리는 기본적으로 본래의 바탕 재질을 활용하여 접착성을 증대시키면 된다.

시멘트콘크리트 바탕이나 시멘트블록 바탕일 경우 바탕이 시멘트이므로 시멘트풀(시멘트 페이스트) 칠을 하면 되는데 시멘트풀에 유해성이 적은 혼화제를 사용하여 부착성을 증대시킬 수 있다.

시멘트풀 바름이 끝나면 건조되기 전에 시멘트모르타르를 3~4mm 정도 두께로 발라 플라스틱 빗자루나 철빗으로 긁어 거칠게 만들어 양생시킨다. ALC 바탕의 경우는 ALC 전용 모르타르를 사용하는 것이 좋다. 미장용 ALC 모르타르를 발라 거친 빗자루를 이용하여 눌러 쓸어 주면 면이 거칠게 된다.

합판벽이나 석고보드 바탕은 철망 라스나 섬유 그물망을 붙이고 판벽 바탕을 조정하는 퍼티(핸디코트) 종류를 사용하면 된다. 섬유 그물망의 경우는 먼저 퍼티 작업을 하고 퍼티면에 붙이는 방법도 있다. 도장작업이나 도배작업 전에 하는 퍼티는 접착력이 좋고 작업이 간편한데 이때에도 제품의 유해성 정도를 꼭 살피도록 해야 한다.

퍼티는 흙재료와 같은 기경성 재료이면 좋으나 외부의 경우는 아크릴계로 내수성이 있으면 좋다. 퍼티를 바르고 면을 거칠게 한 다음 초벌 흙미장을 퍼티면에 밀착되도록 눌러 바른다. 흙 속에 있는 거친 모래가 퍼티 속으로 들어가 박히고 같은 기경성 재료이므로 접착력이 증대된다.

초벌 흙을 바른 후에는 거친 빗자루나 철빗을 이용하여 거칠게 하고 완전히 건조시킨다. 이때 초벌미장의 흙 배합비는 정벌보다 흙양을 많게 하여 바탕의 강도를 좋게 한다. 일반적으로 황토와 모래 배합비를 1:2~1:3으로 한다면 초벌에서는 1:1~1:2로 하면 된다. 이때 초벌 흙미장 두께도 3~4mm 정도로 얇게 발라 주는 것이 유리하며 잘 건조 후에 정벌작업을 하면 된다.

03. 재벌과 정벌

연구 결과에 따르면 1cm 정도 두께의 흙미장으로 시멘트 등 건축재료에서 오는 직접적인 피해를 예방할 수 있다고 한다. 바름 두께를 얼마로 할 것인지 계획하는 것은 요구 조건에 따라 달라지며 인접한 재료 시공이 요구하는 바름 두께에 부합하게 시공되어야 한다. 초벌미장에서 3~4mm 정도의 흙미장을 하는 것은 필수 조건이지만 초벌 바탕이 조성되면 재벌·정벌을 통하여 전체 18mm 정도로 두께를 바르는 것은 가능하다.

재벌 공정을 생략하고 정벌을 한다면 한 번 바름 두께를 6~8mm 정도로 하여 정벌마감을 하면 되고, 두께를 더 두껍게 한다면 재벌 공정으로 6~8mm 이하로 발라서 바름 두께를 증가시키면 된다.

주의할 것은 수경성 재료인 시멘트와 같이 생각하여 초벌이나 재벌이 건조하기 전에 발라야 부착력이 좋고 품질이 좋아진다고 생각하고는 초벌·재벌이 마르기 전에 작업해서는 안 된다. 또 일부 장인들은 건조한 벽체에 물을 뿌려 작업하는 경우가 있는데 바름면에 물을 뿌리면 흙 바탕 자체가 부스러지면서 부착력이 오히려 떨어진다.

흙미장에서는 바탕이 건조되는 것이 좋고 바탕이 건조되면 덧바름 재료의 물기를 바탕에서 빨아들이며 접착되어 품질을 좋게 한다. 또한, 초벌·재벌 바탕면에 균열 발생이 충분하지 않은 상태에서 정벌을 하면 초벌면이나 재벌면에 균열이 생기면서 정벌면에도 균열이 생기므로 정벌할 면은 건조된 상태가 좋다. 맥질이나 보양 관리는 앞에서 설명한 바와 같이 작업하면 된다.

_11 흙미장의 하자 대책

01. 개요

장인들이 흙미장하기를 싫어하는 이유는 시멘트모르타르 미장에 기준을 두고 작업을 하고, 시멘트모르타르 미장과 같은 품질을 기대하기 때문이다.

그런데 흙미장 하자에 있어 가장 큰 원인은 재료의 물성에 대한 이해 부족이다. 따라서 수경성 재료인 시멘트나 석고계와 기경성 재료인 석회나 흙의 기본적 물성만 이해한다면 하자에 대한 걱정은 줄어들 것이다. 습관적으로 수경성 재료 중심으로 일을 하고 기경성 재료의 시공 경험을 하지 않았기 때문에 나타나는 현상이라고 할 수 있다.

02. 흙재료에서 규사(모래)와 흙, 즉 점토분의 배합비가 중요하다

여기서 고결재인 흙(점토분)의 양이 많으면 수축·팽창이 심하여 균열이 발생한다. 그런데 규사(모래나 마사토)의 양을 정량적으로 기록하기는 매우 어렵다. 흙 속의 규사량이 흙마다 다르기 때문이다.

필요한 흙을 선택하게 되면 규사 혼합량을 침전법, 육안 관찰, 만져 보기, 시험체 만들기 등의 방법을 활용하여 결합재의 양을 결정하고 일정한 양으로 배합하도록 하는 것이 좋다.

작업 현장에서는 시험체를 만들어 그 결과를 보고 배합률을 정하는 것이 좋다. 시험체를 만들 때는 비율의 한계점을 어디에 둘 것인가 정해야 한다. 왜냐하면 규사의 양이 많으면 바름면에 균열은 가지 않지만 반대로 강도가 약해지기 때문으로, 적정한 비율에 대한 한계점을 설정하는 것은 매우 중요하다. 균열이 가지 않을 정도에서 점토분이 많은 것이 유리하기 때문에 비율의 한계점 설정을 위하여 시험체 몇 개를 제작해 결과 확인 후에 작업하는 것이 좋다.

03. 물과 흙의 배합비가 중요하다

시멘트공사에서 물과 시멘트의 비율이 강도와 품질에 영향을 미치는 것과 마찬가지로 흙작업에서도 물과 흙의 비는 중요하다. 물의 양이 많으면 작업성은 좋으나 수축·균열 발생이 심하기 때문에 적정한 양의 물을 사용하는 것이 중요하다.

여기서도 벽바름용 흙반죽의 경우 물이 적을수록 바름재료 자체의 품질은 좋아지나 부착력 감소나 작업이 어려워 시공 품질은 저하될 우려가 크다. 특히, 바닥미장의 경우 물이 많으면 재료의 분리현상이 일어나고 수축률이 커지므로 수평이 맞지 않고 균열 발생으로 인하여 품질이 불량하게 된다.

04. 결합재의 활용을 잘해야 한다

외 바탕 또는 졸대 바탕에서 초벽용 흙에는 짚여물을 섞는데 짚여물의 양이나 품질에 대하여 주의를 기울여야 한다. 볏짚은 가능한 한 오래되지 않고 비를 맞지 않은 노랗게 잘 보관된 것을 사용해야 한다. 오래된 볏짚은 인장력이 부족하여 제 기능을 하지 못하기 때문이다. 무엇보다 구색만 맞추거나 형식에 치우치지 않도록 해야 한다.

또한, 정벌 때 삼여물이나 풀의 사용에 따라 품질이 달라지므로 결합재의 기능을 이해하고 배합률을 잘 맞추도록 해야 한다.

05. 날씨와의 관계를 고려해야 한다

흙을 사용하고자 하는 것은 자연친화적 건축을 하고자 함이다. 이러한 자연친화성은 자연재료의 활용에 있으며, 자연재료를 활용한 건축물의 품질은 결국 자연환경에서 나온다고 볼 수 있다.

흙미장을 장마철에 하거나 동절기에 하게 되면 좋은 품질이 나오지 않으며 이렇게 불량한 품질은 사용하는 내내 인간에게 나쁜 영향을 미치게 된다. 따라서 흙미장작업은 자연환경에 잘 순응하여 봄이나 가을에 하는 것이 제일 좋다.

06. 진정성 있는 장인 정신을 가져야 한다

장인들의 경험적 지식과 기술의 부족, 장인정신 부족으로 나타나는 하자도 많이 있다. 그동안 흙작업에 대한 기술이 단절되다 보니 현대미장 재료처럼 가공·배합을 하여 물성이 안정된 것으로 착각하고 작업하는 경우가 종종 있기 때문이다. 이러한 현상은 장인들이 흙미장 작업이 어렵다고만 생각하고 흙의 품질을 신뢰하지 못해서 황토에 화학적 혼합물을 섞은 제품을 선호하기 때문이다.

결국 이러한 하자는 순수한 흙미장의 전통기술이 단절되면서 나타난 현상이다. 또 형식만 흙작업이면 된다고 하는 장인정신 부족에서 오는, 즉 진정성 부족에 의한 하자기도 하다.

그동안 건축인들은 근대 건축기술이 수백 년, 수천 년이 갈 것처럼 생각했고 전부로 여겼지만 이제 그 기술과 기능도 문화재적으로 평가되어야 하는 시점에 와 있다. 이런 환경 속에서 장인들은 자기 기능이나 기술만이 전부인 것처럼 인식하고 영원할 것으로 생각해서는 안 된다. 현대건축 재료와 기술도 얼마 안 되어 신기술에 밀리게 될 것이지만 우리 전통 자연재료와 미장기술은 미래에도 유익하게 계속 활용될 수 있기 때문이다.

부록

- 문화재 수리 표준시방서
- 용어 해설
- 참고 문헌

0110
문화재
수리원칙

ㄱ. 문화재 수리는 다음 사항을 준수하고 원형유지를 원칙으로 한다.
  ① 기존의 양식으로 수리한다.
  ② 기존의 기법으로 수리한다.
  ③ 기존의 주변 환경도 보존한다.
ㄴ. 재료의 교체 또는 대체, 보강은 다음과 같은 경우에 적용한다.
  ① 기존의 재료를 그대로 두어 당해 문화재가 붕괴 또는 훼손될 우려가 있는 경우
  ② 보강하지 않으면 구조적으로 위험을 초래하거나 훼손될 우려가 있는 경우
  ③ 기존의 재료가 변경된 것이거나 당해 문화재의 양식에 맞지 않는 경우
ㄷ. 수리 대상물은 수리 전의 상태와 사용재료에 대해 상세하게 기록하고, 수리절차와 처리방법을 구체적으로 기록한다.
ㄹ. 과거에 행해진 수리 중 역사적 증거물과 흔적은 모두 기록·보존하고, 훼손하거나 변형·가식함은 물론, 하나라도 제외되지 않도록 한다.
ㅁ. 수리는 최소한으로 한다.
ㅂ. 모든 손질은 원형유지의 원칙을 준수하되, 수리방법에 있어서 원칙적으로 지켜야 할 사항은 다음과 같다.
  ① 과학적 보존처리는 필요할 때 언제나 처리 전 상태로 환원할 수 있는 방법으로 한다.
  ② 문화재에 간직된 모든 증거(역사적, 미술사적, 기술사적 등) 자료는 연구에 활용할 수 있도록 한다.
  ③ 손질이 필요할 때라도 색, 색조, 결, 외관과 짜임새 등이 조화되도록 한다.
  ④ 문화재는 문화재 수리기술자, 기능자에 의하여 수리한다.

0120
공통사항

1. 적용 범위

ㄱ. 이 시방은 문화재 수리 및 이에 준하는 공사에 적용한다.
ㄴ. 본 시방은 공사시방서 작성준칙으로만 적용하고, 각각의 문화재 수리공사는 표준시방서에 준하여 개별 문화재 특성에 맞게 공사시방서를 작성하여 시행한다.
ㄷ. 문화재 수리 표준시방서 중 당해 공사에 관계없는 사항은 이를 적용하지 아니한다.
ㄹ. 각 공사에 있어서 다른 공사와 관련이 있는 사항에 대하여는 각기 그 해당 공사

의 시방에 준한다.

ㅁ. 이 시방에 기재되지 않은 사항에 대하여는 문화재청 관련 제 법규 및 건설교통부 제정 건축공사표준시방서, 토목공사표준시방서, 기타 관계 법령에 준한다.

2. 쓰임말 정리

ㄱ. '발주자'라 함은 문화재 수리 및 이에 준하는 공사를 시공자에게 도급을 주는 자

ㄴ. '시공자'라 함은 발주자로부터 문화재 수리 및 이에 준하는 공사를 도급받은 건설업자 또는 문화재보호법에 의해 수리공사가 허용된 자

ㄷ. '담당원'이라 함은 발주자에 의해 감독자 및 보조감독자로 임명된 자

ㄹ. '현장대리인'이라 함은 시공자가 지정한 공사현장에 상주하여 공사를 추진하는 문화재 수리기술자 또는 동등 이상의 자격을 갖춘 자

3. 담당원의 책무

ㄱ. 시공자 또는 현장대리인에 대한 지시, 승인 또는 검사결과는 모두 담당원의 권한과 책임으로 간주한다.

ㄴ. 담당원은 시공자 또는 현장대리인에 대한 중요한 지시 및 승인사항을 문서로 한다.

ㄷ. 담당원은 시공자가 관계 법령에 의해 공사를 원만히 수행할 수 있도록 협력한다.

ㄹ. 담당원은 당해 문화재의 수리를 위한 원형 확인, 조사, 고증 등이 필요하다고 인정될 때에는 시공자, 현장대리인으로 하여금 현장 및 문헌 조사 등을 실시하도록 할 수 있다.

ㅁ. 담당원은 'ㄹ'항과 관련하여 관계 법령에 따라 공사 중지를 요청할 수 있으며, 현장조사 결과에 따라 현장지시, 설계변경 등을 시공자에게 요청할 수 있다. 이때, 시공자는 특별한 사유가 없는 한 담당원의 요청에 따라야 한다.

4. 시공자의 책무

ㄱ. 시공자는 문화재 수리의 품질과 원형유지에 책임을 진다.

ㄴ. 시공자는 공사계약서, 설계도, 공사시방서 등에 의하여 성실히 시공하되 담당원의 검사, 협의, 지시, 승인에 따라 시행한다.

ㄷ. 시공자는 현장대리인, 현장종사자, 실측조사를 위한 조사업무자 등이 수리업무를 원만히 수행할 수 있도록 협조한다.

ㄹ. 시공자는 발주청에 대하여 행하는 보고, 통지, 요청, 이의 제기는 서면으로 하여야 한다. 단, 경미한 사항은 구두로 보고하고 담당원의 지시를 받을 수 있다.

ㅁ. 시공자는 공사기간 중에 당해 문화재의 훼손, 분실, 변형 등으로 인한 피해나 제3자에게 끼친 손해에 대하여 일체의 책임을 진다.

5. 현장대리인의 책무

ㄱ. 현장대리인은 문화재 수리의 품질과 원형유지에 책임을 다한다.

ㄴ. 현장대리인은 설계도서에 의하여 성실히 시공하되, 담당원과 협의 및 지시에 따른다.

ㄷ. 현장대리인은 수리에 관하여 시공자의 책임과 의무를 승계하고, 수리현장에서 발생하는 모든 사항에 대하여 일차적인 책임을 진다.

ㄹ. 현장대리인은 공사현장에 상주하여야 하며, 업무협의 등 불가피한 사정으로 현장을 이탈할 경우에는 담당원의 승인을 받는다.

ㅁ. 현장대리인은 공사현장에 상주 시 해당 자격증을 소지하여야 하며, 담당원의 제출 요구에 응하여야 한다.

ㅂ. 현장대리인은 수리현장의 안전을 위하여 사전에 필요한 조치를 취한다.

6. 설계도서의 우선순위

모든 설계도서는 상호 보완되어야 하며, 설계도서 사이에 모순점이 발생하는 경우에는 계약서상의 '공사계약 일반조건'에 따른다.

7. 공법 등의 결정

설계도서상에 기재되지 않은 재료, 공사방법 등에 대하여 시공자는 담당원과 협의하여 결정한다.

8. 사전조사 및 검토

ㄱ. 시공자는 사전에 설계도서와 현장여건 등을 면밀히 조사·검토하여 시공계획에 반영한다. 이 경우 이의가 있을 때는 즉시 담당원에게 보고하고 지시에 따른다.

ㄴ. 기준점은 이동·변형되지 않는 위치에 설치하여 공사 중 실측조사의 기준이 되게 하며, 훼손이나 파손되지 않도록 보호조치를 한다.

ㄷ. 설계도서와 현장상황을 대조하여 수리의 범위와 수리방법을 정하고, 설계 시 보이지 않는 부분을 확인하기 위해 현장조사를 실시한다.

ㄹ. 당해 문화재의 창건·중건·수리·관리 등에 대한 역사, 문헌조사를 한다.

ㅁ. 실측조사와 병행하여 조사 대상물에 대한 사진촬영과 기록도면을 작성한다. 사진과 기록도면은 보이는 각도가 같게 하여 쉽게 비교될 수 있도록 한다.

9. 경미한 변경

도급금액의 경미한 증감 및 공사기간 내에 완료가 가능한 설계변경은 담당원과 협의하되, 증가되는 공사금액은 시공자 부담으로 할 수 있다.

10. 관련 법규의 준수

시공자는 공사와 관련된 모든 법령, 조례 및 규칙, 기준 등을 준수하여 공사를 수행한다.

11. 수속

시공자는 시공상 필요한 일체의 수속을 시공자 부담으로 한다.

12. 보고 및 서류양식

ㄱ. 시공자는 설계도서 등에 지정한 사항과 담당원이 지시한 각종 보고 사항에 대해 지정한 기일 내에 지체 없이 서류를 구비하여 제출한다.

ㄴ. 시공자는 제출할 서류의 형식과 내용 등이 따로 정해지지 않은 경우에는 담당원의 지시에 따른다.

1. 문화재 수리기술자, 기능자 등의 배치

ㄱ. 시공자는 문화재 수리를 담당하는 문화재 수리기술자, 기능자를 배치하되 기술자격을 증명하는 서류를 공사착공 전에 제출하여 담당원의 승인을 받는다.

ㄴ. 담당원은 배치된 현장대리인, 기술자, 기능자가 공사관리, 문화재의 원형보존, 기타 문화재 수리에 있어 부적당하다고 인정될 경우에는 시공자에게 교체를 요구할 수 있다.

ㄷ. 현장대리인과 기술자, 기능자는 담당원의 승인 없이 현장을 이탈해서는 아니 된다.

2. 설계도서 등의 비치

공사현장에는 해당 공사에 관련된 '공사계약 일반조건'상의 계약문서, 관계 법령, 공사예정공정표, 시공계획서, 현황사진첩, 기상표 및 기타 필요한 도서류 등을 지정 장소에 부착 또는 비치한다.

3. 용지 및 도로의 사용

시공자는 공사에 필요한 작업장, 용지 사용 등에 대하여는 관련 기관 및 소유자와 협의하고 담당원의 승인을 받아야 한다. 이때, 원상복구는 공사기간 내에 완료하고 제 경비는 시공자가 부담한다.

4. 인접 문화재 및 유구의 보호

ㄱ. 시공자는 공사시행 중 인접 문화재의 보호에 최선을 다하여야 하며, 훼손되거나

훼손의 우려가 있을 경우 즉시 담당원에게 보고하고, 지시에 따른다.

ㄴ. 시공자는 공사시행에 있어 불필요한 터파기 등 지반을 절토해서는 아니 된다. 단, 공사구간 내의 문화재 수리에 필요한 유구 확인을 위한 터파기 등을 하고자 할 경우에는 담당원의 승인을 받아 시행할 수 있다.

5. 공사안내판 및 표지 설치

시공자는 공사안내판, 공사 관련 안전표지판 등을 설치하되 규격, 재료, 표기 내용 및 설치 장소 등은 담당원과 협의한다.

6. 공사현장 관리 등

ㄱ. 시공자는 공사현장에서 관람객 및 근로자의 출입시간, 풍기와 보건위생의 단속, 화재, 도난, 기타의 사고방지에 대하여 유의한다.

ㄴ. 시공자는 현장작업자로 하여금 항상 단정한 복장으로 작업에 임하도록 하며 관람자에게 불쾌감을 주어서는 아니 된다.

ㄷ. 시공자는 인접 시설물 및 수목 등이 손상되지 않도록 보호 및 보양시설을 한다.

ㄹ. 시공자는 현장 내외에 있는 기계·기구·재료 등을 정비·정돈하고, 공사장 내외의 정리·청소를 한다.

ㅁ. 시공자는 관람객의 안전과 관람 편의를 위한 조치를 취한다.

7. 비상연락

ㄱ. 시공자는 현장조직체계 및 비상연락망을 구축하여 비상시 신속한 연락이 이루어지도록 한다.

ㄴ. 비상연락망에는 발주자, 지방자치단체, 병원, 경찰서, 소방서 등의 관공서와 담당원, 현장책임자, 현장작업원, 당직근무자 등의 연락처를 기재하도록 한다.

0140
재료관리

1. 일반사항

ㄱ. 교체되는 재료는 설계도서에 정한 것을 제외하고는 모두 신재를 사용한다.

ㄴ. 재료의 품질은 설계도서에 정한 품질로 하되, 정한 바가 없는 경우에는 기존 재료와 품질이 같거나 동등품 이상으로 한다.

2. 견본품

ㄱ. 견본품은 기존의 재료와 같거나 가장 유사한 제품으로 제출한다.

ㄴ. 질감, 색깔, 무늬, 형태 등을 사전에 정할 필요가 있는 경우 견본품을 제출하여 담당원의 승인을 받아 선정한다.

3. 재료의 반입·반출

ㄱ. 현장에서 발생 및 반입된 재료는 담당원의 승인 없이 일체 반출해서는 아니 된다.

ㄴ. 재료의 반입은 담당원에게 문서로 보고하고, 담당원은 반입재료가 설계도서상의 조건에 적합한지를 확인하며, 필요에 따라 증빙자료를 첨부하게 할 수 있다. 단, 경미한 재료에 대하여는 담당원의 승인을 받아 보고를 생략할 수 있다.

ㄷ. 재료는 담당원이 지정한 장소에 반입, 보관한다.

ㄹ. 현장에 반입된 재료 중에 변질 또는 훼손 등으로 공사에 사용할 수 없다고 판단된 재료는 담당원의 지시를 받아 즉시 장외로 반출한다.

4. 지급 재료

ㄱ. 지급 재료의 종류, 수량, 인도, 기타 조건은 설계도서에 의한다.

ㄴ. 지급 재료를 인수할 때는 담당원의 입회 하에 검수하고, 변질되지 않도록 안전한 장소에 보관한다.

ㄷ. 지급 재료는 소정의 목적 외에 사용해서는 아니 된다.

ㄹ. 지급 재료를 사용할 경우에는 지정양식에 기록하고 담당원의 승인을 받는다.

ㅁ. 시공자는 지급 재료의 규격, 품질 등이 설계도서에 적합하지 아니한 경우에는 그 내용을 문서로 보고하고, 담당원의 지시를 받는다.

5. 해체 재료

ㄱ. 해체 재료는 재사용재와 불용재로 구분하여 담당원의 확인을 받은 후 지정장소에 보관한다.

ㄴ. 해체 재료는 공사기간 중에 외부로 반출해서는 아니 된다. 단, 불용재 중 담당원의 승인을 받은 재료는 공사기간 중에라도 반출할 수 있다.

6. 재료의 검사 및 시험

6-1 검사 및 시험

ㄱ. 설계도서에 정한 재료 또는 담당원이 필요하다고 인정한 재료에 대하여는 소정의 검사 및 시험을 하여야 한다. 이때, 소요되는 제 경비는 시공자가 부담한다.

ㄴ. 재료의 검사 및 시험에 대하여는 이 시방서와 한국산업표준(KS), 건설교통부 제정 건축공사표준시방서, 토목공사표준시방서 등 제 규정에 의한다.

6-2 불합격 재료 처리

검사 및 시험에 불합격된 재료는 즉시 장외로 반출하고, 대체 재료를 반입하여 공사 진행에 지장이 없도록 한다.

0150 시공관리

1. 공사기간
ㄱ. 시공자는 계약서상에 정한 기간 내에 공사를 착수하고, 계약기간 내에 공사를 완료한다.
ㄴ. 시공자는 각 공정의 시작 전과 완료 전에는 담당원에게 보고하고, 담당원의 지시에 따라 다음 공정을 추진한다.

2. 시공도 작성
ㄱ. 계약된 설계도서와는 별도로 시공상 필요한 설계도서는 지체 없이 도급자가 작성하여 담당원의 승인을 받아야 한다. 또한, 담당원은 필요하다고 인정되는 부분에 대하여는 부분상세도 등을 작성하도록 할 수 있다.
ㄴ. 작성된 시공도는 준공도서에 포함한다.

3. 공법
문화재 수리에 사용되는 모든 재료의 가공, 설치, 공작법 및 사용기구 등은 기존의 양식과 기법으로 한다. 단, 담당원의 승인을 받은 경우에는 기타 기법으로 할 수 있다.

4. 모형의 제작
모형의 제작은 설계도서에 따르되, 담당원과 협의한다.

5. 용척
ㄱ. 미터법을 사용하되, 설계도서에 정하거나 당해 문화재에 사용된 용척을 제작하여 사용할 수 있다.
ㄴ. 용척의 재료, 크기 등은 담당원과 협의한다.
ㄷ. 사용된 용척은 담당원의 지시에 따라 당해 문화재에 보관하거나 발주자에게 제출한다.

0160 환경보호

1. 일반사항
ㄱ. 시공자는 대기환경보전법, 수질환경보전법, 소음·진동규제법, 기타 환경 관련 법령을 준수하여 시공에 따른 공해가 발생하지 않도록 한다.
ㄴ. 시공자는 환경보호 규정을 지키도록 현장 조사자에게 철저히 교육시키고, 공기·물·토양 등이 오염되지 않도록 한다.
ㄷ. 소음이 심한 기계기구는 사용을 피하되, 불가피한 경우에는 담당원과 협의하여 소음방지시설을 설치하거나 작업시간을 정하여 사용한다.

2. 폐기물 처리

ㄱ. 폐기물 반출은 지정등록업체를 통해서 반출한다.

ㄴ. 중요 목부재, 기와문양 등의 폐자재는 담당원과 협의하여 처리한다.

ㄷ. 폐기물은 담당원 확인 하에 반출한다.

1. 안전관리

시공자는 산업안전보건법 및 기타 관계 법령을 준수하고, 시공에 수반하는 각종 재해를 방지하기 위하여 안전관리자를 지정하여 철저한 안전관리를 한다.

2. 안전조치

ㄱ. 시공자는 공사현장 주변의 건축물, 도로, 매설물, 통행인에 재해가 미치지 않도록 조치를 취한다.

ㄴ. 공사현장 내의 사고·화재·도난의 방지에 노력하고, 특히 위험한 곳에 대하여는 면밀히 점검한다.

ㄷ. 불을 사용하는 경우에는 적절한 소화설비, 방염시트 등을 설치함과 아울러 불의 취급에 주의한다.

ㄹ. 공사현장에 있어서는 항상 정리정돈을 하며, 특히 추락의 우려가 있는 위험개소에 대하여는 항상 점검하여 사고방지에 노력한다.

ㅁ. 공사용 전력설비에 대하여는 특히 안전보호시설을 설치한다.

3. 안전표지 및 안전보호

ㄱ. 공사현장에서는 적절한 개소마다 안전표지를 설치한다.

ㄴ. 공사현장에서는 작업자에게 안전모와 기타 필요한 안전보호구를 착용하도록 한다.

4. 안전교육

시공자는 관계 법령에 따라 작업자에게 안전교육을 실시한다.

5. 안전시공

시공자는 산업안전보건법의 해당 규정을 준수하고, 시공 중인 공사 또는 작업자에게 위험이 없도록 각종 가설공사와 안전설비의 설치, 시공방법, 시공장비의 운전 및 현장 정돈에 특별히 주의해야 하며, 특별히 안전시공에 대한 담당원의 지시가 있을 시에는 이를 반영한다.

0170
안전관리 및
화재예방

6. 사고보고 및 응급조치

ㄱ. 공사시공 중 다음의 사고가 발생하였거나 발생할 우려가 있을 경우에는 즉시 담당원에게 보고하고, 적절한 응급조치를 취한다.

① 토사의 붕괴, 낙반, 가시설물 및 건조물의 파손 또는 추락사고

② 사상사고

③ 제3자에 대해 피해를 입히는 사고

④ 기타 공사 시행에 영향을 미치는 사고

ㄴ. 전 항의 경우에 사상사고, 차량사고 등 특히 긴급을 요하는 경우에는 사고개요를 구두 또는 전화로 6하 원칙에 따라 긴급보고하고, 추후에 서면보고를 한다.

7. 안전 및 보양시설

안전 및 보양시설과 가설시설물에는 안전표지, 안전수칙, 화재방지, 조명, 가설울타리, 경비, 안전교육 등이 포함된다.

8. 재해방지

공사 실시에 따른 재해방지는 건축법, 근로안전관리규정, 산재보험법, 소방법 및 전기관계법, 기타 관계 규정에 따라 적절한 대책을 강구한다.

9. 화재예방

ㄱ. 공사장 내에서는 화기 사용을 금한다. 단, 화기 사용이 불가피한 경우에는 화재예방 조치를 취하고, 담당원의 승인을 받는다.

ㄴ. 공사장 내에서는 담당원이 지정하는 장소에 소화용기, 소화장비를 비치한다.

0180
수리 보고 및 기록 유지

1. 공사기록

공사 착공부터 준공까지의 현황조사, 작업공정, 시공방법 및 양식, 교체부재, 재료 사용량, 시험성적 등 공사 전반에 대하여 상세하게 기록한 공사일지 등을 공사 준공과 동시에 담당원에게 제출한다.

2. 사진촬영

ㄱ. 공정별로 착공 전, 공사 중, 준공사진을 촬영하여 사진에 대한 설명을 기록하고 공사 준공과 동시에 사진첩(필름 포함)을 작성하여 제출한다. 이때, 사진의 규격은 담당원의 지시에 따른다.

ㄴ. 사진촬영은 공사 전후가 비교될 수 있도록 하고, 특히 원형고증자료와 상량문, 묵서명 등은 별도 촬영한다.

3. 준공도면
ㄱ. 공사 준공 시 준공도면을 작성하여 담당원에게 제출한다.
ㄴ. 준공도면 작성은 설계도서에 따른다.

4. 준공보고서
ㄱ. 준공보고서는 시공자가 작성하여 준공 시 담당원에게 제출한다.
ㄴ. 준공보고서는 작성 완료 전 담당원에게 검토를 받는다.
ㄷ. 준공보고서에는 다음 내용을 포함한다.
　① 공사 전·중·후 사진
　② 공사 착공 전 및 준공도면
　③ 사용재료 및 수량
　④ 공사관계자 등 인력 현황
　⑤ 기타 공사 관련 내용

1. 제식 전
ㄱ. 공사 관련 행사는 담당원과 협의한다.
ㄴ. 행사를 위한 경비는 시공자가 부담한다.

0190
기타

2. 인도
공사가 준공되면 시공자는 다음의 서류 및 물품을 인도한다.
　① 준공보고서
　② 준공도면
　③ 현황 및 공사 진행 사진첩
　④ 탑본자료 및 현장조사서
　⑤ 기타 담당원이 지시하는 서류, 자료, 물품 등

용어 해설

[ㄱ]

가로외 벽 속에 가로로 대는 외

가시새 흙벽을 얽을 때에 중깃에 가로로 끼우거나 엮어 누울외를 보강하고 설외를 얽어매는 가는 나무

강회다짐 석회와 마사토 또는 진흙을 다지는 것

개시식 건물을 지을 때 제일 먼저 시작되는 기초를 연다는 뜻

거미줄 치기 구들장 사이의 틈을 사춤돌로 채우고 진흙으로 메워 바르는 것

겨릅대 껍질을 벗긴 삼대

고래 고래둑과 고래둑 사이의 공간으로 화기와 연기가 지나는 곳

고래개자리 고래를 통해 흐르는 화기와 연기를 모아 굴뚝으로 보내기 위해 일정한 폭과 깊이로 방구들 윗목을 파낸 고랑

고래둑 구들장을 올려놓기 위해 진흙, 돌, 와편, (흙)벽돌 등의 재료를 사용하여 쌓은 둑

고래바닥 고래둑을 쌓아 올리기 위해 다져 놓은 바닥

고래켜기 온돌방에 구들을 놓을 때 바닥을 파내거나 돋우어 다짐하고 고래둑을 쌓아 고래를 만드는 일

고막이 온돌 구조에 있어서 하인방(下引枋)이나 토대 밑의 공간을 벽돌, 돌, 와편 등을 이용하여 진흙, 석회 등으로 쌓은 곳

고미반자 반자틀을 고미받이와 고미서까래로 짜 만들거나 다락장선 위에 산자를 엮어 흙질하고 회반죽으로 바름한 반자

공포 처마 끝의 무게를 받치려고 기둥머리와 같은 데서 짜 맞춘 나무 부재

관 무게의 단위. 한 관은 한 근의 열 배로 3.75kg에 해당한다. 고기나 한약은 600g이 한 근

굄돌 구들장을 평평하게 놓기 위해 고래둑이나 굇돌 위에서 구들장을 고이는 돌

굇돌 함실장(아랫목돌)을 받치거나 허튼고래에서 구들장을 받치는 돌

교말 풀가루. 풀을 쑤려고 마련한 가루

구들 방바닥 아래에 설치하여 구들장을 덥혀 복사열에 의해 난방하는 한국전통의 난방시설

구들개자리 아궁이를 통해 유입된 화기와 연기를 모아 고래로 보내기 위해 일정한 폭과 깊이로 방구들 아랫목에 만드는 개자리

구들장 고래둑, 굇돌 위에 걸쳐 놓아 방바닥을 형성하는 넓고 얇은 돌

굴뚝개자리 굴뚝 하부를 연도 바닥보다 깊이 파서 연기의 역류를 막으며, 그을음·재 등이 모이게 하는 곳

그렝이질 기둥을 초석 위에 세우기 위해 기둥 밑면을 깎아 내는 것 등 두 부재가 만날 때 그 모양을 맞춰 주는 작업

근 무게의 단위. 한 근은 고기나 한약재의 무게를 잴 때는 600그램에 해당하고, 과일이나 채소 따위의 무게를 잴 때는 한 관의 10분의 1로 375그램에 해당한다.

기경성 공기 중에서 탄산가스에 반응하여 경화하는 성질

기단 집을 높여 주어 습기나 빗물의 유입을 막으며 햇빛을 제대로 받게 하기 위하여 집터보다 높게 쌓은 단

기둥 원기둥, 활주, 동자주, 동바리주, 사각기둥, 팔모기둥, 육모기둥, 배흘림기둥, 도랑주, 평주, 고

주, 귓기둥, 누하주 등이 있다.

기양제 재앙을 쫓고 복을 빌기 위해 지내는 제사

기초 구조물의 무게를 받치기 위하여 만든 밑받침

꽃담 화문장, 도벽이라고도 하며 담장의 모양을 아름답게 꾸민 담장

[ㄴ]

나란히고래(줄고래) 아궁이에서 고래개자리까지 직선으로 놓인 고래

나무흙손마감 나무로 만든 흙손. 홍송·삼송 등 변형이 적고 가공하기 쉬운 판재로 만들며, 미장한 면을 고르거나 거칠게 끝냄.

내구성 물질이 원래의 상태에서 변질되거나 변형됨이 없이 오래 견디는 성질

내림마루 지붕면에 따라 경사져 내린 마루를 통틀어 일컬음.

내마모성 마찰에도 닳지 아니하고 잘 견디는 성질

내민줄눈 민줄눈 위에 다시 내밀어 만든 볼록 나오게 한 줄눈(면회줄눈)

내외담 안과 밖을 구분하는 담. 남자와 여자가 서로 마주치지 않게 하는 담

내충격성 충격에 견디는 성질

널외 좁은 널판으로 된 외대

눌외 누울외(벽 속에 가로로 대는 외)의 준말

니장 니장(泥匠)은 벽, 천장, 바닥 등의 바탕면에 도구를 사용하여 미장 바름재(진흙, 회삼물, 모르타르 등)를 바르는 일을 담당하는 장인이다.

[ㄷ]

다림보기 기둥을 수직으로 세우는 과정의 일련의 작업

달구 기초 또는 바닥을 다지는 연장. 달고는 달구

의 옛말이다.

당간 당이라는 좁고 긴 깃발을 거는 깃발대가 당간이며 당간을 고정하는 지지대가 당간지주다.

당골 서까래 사이를 막는 것

당골살 당골의 탈락이나 변형을 위하여 연목과 연목 사이에 대는 살

댓돌 건축물을 세우기 위하여 잡은 터에 쌓은 돌. 지대석이라고도 한다.

도리 서까래 바로 밑에 가로로 길게 놓인 부재

도벽(陶壁) 꽃담의 일종으로 도자벽화를 말함.

도편수 조선시대에 건축공사를 담당하던 기술자의 호칭으로, 각 분야의 책임자인 편수의 우두머리를 칭한다. 현재는 전통적인 방법으로 한옥, 사찰, 궁궐 등의 목조 건축물을 건축하는 자를 칭한다. 목조문화재 건립과 복원에도 활동하고 있다.

돈 무게의 단위. 귀금속이나 한약재 따위의 무게를 잴 때 쓴다. 한 돈은 한 냥의 10분의 1, 한 푼의 열 배로 3.75그램에 해당한다.

되 부피의 단위. 곡식, 가루, 액체 따위의 부피를 잴 때 쓴다.

되돈고래 아궁이와 굴뚝이 같은 쪽에 있어서 고래를 타고 들어간 불길이 한 바퀴 돌아 나오도록 놓은 고래

둥근줄눈 줄눈 모양이 둥글게 생긴 것

디딤돌 마루 아래 같은 데에 놓아서 디디고 오르내릴 수 있게 한 돌

[ㅁ]

마당 집의 앞이나 뒤에 평평하게 닦아 놓은 땅

마분 말이 먹은 음식물이 소화가 다 되고 나면 만들어지는 분비물

마사토 화강암이 풍화되어 생성된 흙으로, '화강토'로도 불린다.

만자 卍자 모양으로 된 표지. 만자는 불교적 의미만 상징하는 것이 아니고 태양을 상징하는 '十'자에서부터 나온 것이며, 길상만덕을 상징하는 문양이다.

말(斗) 부피의 단위. 혹은 곡식, 액체, 가루 따위의 분량을 되는 데 쓰는 그릇. 열 되가 들어가게 나무나 쇠붙이를 이용하여 원기둥 모양으로 만든다.

맞댄줄눈 서로 맞대어진 줄눈

맥질 초벌바름을 한 위에 진흙 앙금을 풀에 개서 표면에 바르는 것

머름 창 아래 설치된 30~45㎝ 높은 문지방

면회줄눈 노출되는 상부 수평줄눈에서 물이 스며들지 못하게 줄눈 위에 도드라지게 덧바른 줄눈

모전석 점판암, 형암, 사암, 현무암 등을 얇게 가공하여 전돌과 같은 모양으로 만든 것

무시무종(無始無終) 시작도 없고 끝도 없음.

문화재보호법 문화재를 보존, 활용함으로써 국민의 문화적 향상을 도모하고 인류 문화의 발전에 기여하기 위하여 제정된 법률

미장 벽에 흙이나 시멘트 반죽을 바르는 것

미출 양성바름에서 용마루 부분에 눈썹처럼 나온 기와

민줄눈 조적조에서 벽면과 같은 면이 되도록 한 줄눈

[ㅂ]

바람막이 역류하는 연기를 막으며, 고래에서 흘러나가는 화기를 더 잡아 두기 위해 고래와 고래개자리가 만나는 어귀에 조금 높게 만든 언덕

박공 박공지붕의 옆면 지붕 끝머리에 '∧' 모양으로 붙여 놓은 두꺼운 널빤지

박락 미장재료나 그림·글씨가 오래 묵어 긁히고 깎이어서 떨어짐.

박리 미장재료나 칠이 면에 균일하게 부착되지 않고 들뜨는 현상

박석 얇고 넓적한 돌

반벽 벽의 반

방보라 수평으로 폭이 좁은 벽을 만들 때에, 윗가지 대신 가로지르는 나무 막대기

방전 네모반듯한 벽돌. 건축물 내부나 기단에 까는 것으로 권위가 있는 건물에 사용한다.

백마사 백색의 마사

백토 화강암이 풍화되어 백색의 잔모래가 섞인 흙

벽골 벽체를 구성하는 뼈대(중깃, 방보라, 외대, 가시새가 해당)

벽선 기둥과 벽체 사이에 완충을 하기 위하여 세워 대는 부재

벽쌤홈 벽과 기둥이 맞닿는 곳에 틈이 나지 않게 또는 바름재가 들어가 끼이게 한 가는 홈

보수 건물이나 시설 따위의 낡거나 부서진 것을 손보아 고치는 것을 뜻한다. 일한 대가로 주는 돈이나 물품을 뜻하기도 한다.

복원 없어진 건축물(고건축)·물건 따위를 옛 모습대로 본따서 만드는 것, 다시 짓는 것

볼록줄눈 볼록 나오게 한 줄눈

봇돌 이맛돌이나 불목돌을 받치기 위해 아궁이 양옆에 세우는 돌

부계장 부계장(浮械匠)은 지금의 비계(飛階, 높은 곳에서 일할 수 있도록 건물 주변에 세우는 가설물)를 설치하는 일을 담당하는 장인

부넘기 아궁이후렁이와 고래가 연결되는 어귀에 조금 높게 만든 언덕

부도 스님의 사리를 안치한 곳. 부도탑

부뚜막 아궁이후렁이 위에 솥을 걸 수 있도록 흙과 돌 등으로 만든 것

부뚜막아궁이 난방과 취사를 겸하는 온돌방식으로 부뚜막이 설치되고 아궁이, 아궁이후렁이, 불목, 불고개 등으로 구성된 온돌

부착성 2개의 물체 면이 서로 접착하여 외벽에 저항하는 현상

부토 구들공사에서 거미줄 치기 후 마른 흙을 펴서 까는 일

불목 아궁이후렁이와 고래의 중간부분으로, 아궁이후렁이에서 장작 등의 땔감이 연소된 화기와 연기가 고래로 넘어가는 곳

불목구멍 아궁이후렁이에서 불목으로 화기와 연기가 지나갈 수 있도록 고막이부분에 뚫은 구멍

불목돌 아궁이후렁이와 불목 사이의 불목구멍 위를 덮는 돌

비사리 벗겨 놓은 싸리의 껍질. 노를 꼬거나 미투리 바닥을 삼는 데 쓴다.

빗줄눈 줄눈의 일종으로 아래쪽이 경사지게 들어간 것

[ㅅ]

사고석 한옥의 외벽이나 담 등을 쌓는 데 쓰이는 네모진 돌로 한 사람이 네 덩이를 질 수 있는 크기

사물 목어, 범종, 법고, 운판의 네 가지 법구를 말하고 중생을 제도하는 법성의 소리를 의미한다.

사벽 모래와 흙으로 된 벽

사춤돌 구들장을 놓은 다음 그 사이에 끼워 메우는 작은 돌

산릉도감 조선시대 왕이나 왕비가 졸한 직후부터 왕릉이나 왕비릉을 조성하기 위해 능이 완성될 때까지 존속하였던 한시적인 기구

산자 지붕 서까래 위나 고물 위에 흙을 받치기 위하여 엮어 까는 나뭇개비 또는 수수깡

삼여물 잘게 썬 삼 껍질을 흙 따위에 섞어 쓰는 미장재료

삼화토 석회, 모래(마사), 진흙을 섞어 반죽한 것

상인방 창문 위 또는 벽의 위쪽 사이에 가로지르는

인방. 창이나 문틀 윗부분 벽의 하중을 받쳐 준다. 비슷한 말로 상방(上枋), 액방, 윗중방이 있다.

생석회 생석회는 산화칼슘이라고 불린다. 산화칼슘 (酸化 calcium)은 산소와 칼슘의 화합물로 화학식은 CaO이다. 일반적으로 탄산칼슘($CaCO_3$)을 공기가 차단된 상태에서 가열하면 이산화탄소(CO_2)를 잃으며 생성된다.

생포 실이 굵고 성글게 짠 삼베

석성 돌로 쌓은 성

석회 칼슘이 들어 있는 무기화합물을 가리키는 말로, 탄산염·산화물·수산화물이 가득한 물질이다. 라임(lime)이라고도 한다. 생석회와 소석회의 총칭이기도 하다.

선자고래 아궁이에서 고래개자리까지 고래가 부채살 모양으로 퍼져 나간 고래

설외 흙벽의 외엮기에서, 세로로 세워서 얽은 외

섬 곡식 따위를 담기 위하여 짚으로 엮어 만든 그릇

세계문화유산 역사적으로 중요한 가치를 가지는 문화유산

소란대 문지방. 소반 등의 바탕을 파거나 또는 가느다란 나무조각을 가늘게 돌려 붙여 턱이 지게 만든 것

쇠흙손마감 쇠로 만든 흙손. 진흙, 회반죽, 모르타르 따위를 벽에 바르거나 벽돌을 쌓는 데 쓴다.

수경성 시멘트·석고 등이 물과 반응하여 경화하고, 차차 강도가 크게 되는 성질

수리도감 건물이나 물건 따위의 고장나거나 허름한 부분을 고친 기록을 모아 볼 수 있도록 한 책

수수쌀 다른 이름은 출촉(秫薥)이다. 벼과 식물인 수수(Sorghum bicolor Moench)의 여문 씨다. 당미

수혈주거 선사시대 인류의 일반적인 주거 양식으로 땅을 둥글거나 네모나게 파고 그 위에 지붕을 올렸다.

수회 물로 반죽한 회(반대는 유회)

시근담 구들장을 걸치기 위해 고막이벽 안쪽에 붙여 쌓은 두둑

실줄눈 돌·벽돌 등을 거의 맞닿게 쌓아 줄눈이 아주 좁게 된 것

심미적 현상 아름다움을 살펴 찾으려는 또는 그런 것

심벽 기둥 복판에 벽을 쳐서 기둥이 벽의 바깥쪽으로 내보이게 된 벽

십이지상 12가지 동물 모양을 한 상으로 사방에 배치, 잡귀의 침입을 막는 역할을 한다.

[ㅇ]

아교 동물의 가죽·힘줄·뼈를 끓여서 만든 접착제

아궁이 온돌에 불을 넣는 구멍으로 부뚜막아궁이에서 부뚜막 전면에 위치하고, 함실아궁이에서는 고막이선에 위치함.

아궁이후렁이 장작 등의 땔감이 연소되는 곳으로 함실아궁이에서는 함실이라고도 불림.

아궁이후렁이벽 함실아궁이에서 아궁이후렁이를 구성하기 위해 수직으로 쌓은 벽

알매흙 기와를 이을 때에, 산자(橵子) 위에 이겨서 까는 흙

앙벽, 앙토 천장, 산자 등의 안쪽에 바르는 흙. 서까래 사이에 바르는 흙. 치받이

양상도회 들보 위에 회(灰)를 바른다는 뜻. 여자(女子)가 얼굴에 분을 많이 바른 것을 비유적으로 이르는 말. 양성, 양성바름과 같은 말

양성 지붕마루를 틀고 회사벽으로 그 전체를 싸 바르는 것

양성바름 궁궐이나 도성의 문과 같이 규모가 있는 건물에서 지붕의 크기가 클 때 지붕마루도 따라서 커지게 된다. 지붕마루를 기와로만 쌓기에는 구조적으로 불안정하게 되므로 양쪽으로 하얗게 회반죽을 발라서 지붕마루를 만들기도 하는데, 이것을

양성[(兩城 혹은 양성바름)]이라고 한다.

여물 미장작업 시 균열 방지를 위하여 쓰는 재료. 볏집, 삼여물, 털여물, 종이여물 등

여장 성 위에 설치하는 낮은 담장. 한 구간을 첩이나 타라고 한다.

역귀 역병을 일으키는 귀신

연가 굴뚝 위에 빗물을 막아 주고 연기는 나가는 집 모양의 토기

연도 고래개자리에서 굴뚝개자리 사이의 연기가 지나가는 길

영건의궤 국가에서 주관한 건설공사(工役)에 대한 종합적인 보고서 형식의 관찬(官纂) 조영문서(造營文書)

영롱담 광채를 차단하기 위해 쌓은 담

오목줄눈 단면 형상이 곡면인 오목한 줄눈. 침수 방지에 유효해 강우량이 많고, 바람이 센 지역에서 쓰임.

온돌 불기운이 방 밑을 지나 방바닥을 뜨겁게 덥혀 난방하는 방식으로, 이 시방에서 온돌은 방바닥에 구들장을 깔고 그 밑에 불을 지펴 바닥을 덥게 하는 구조체를 말하며 구들이라고도 함.

온벽 창이나 구멍이 없는 벽

온화방벽 바닥에서 상부까지 쌓은 화방벽

와편 깨어진 기와 조각

와편담 기와 조각으로 쌓은 담

외대 심벽을 만들기 위하여 중깃에 새끼줄이나 칡으로 가로세로 엮어 대는 나무

용도 넓은 담으로 만들어진 길

용두 내림마루 부분의 용머리 모양

용두 내림마루나 귀마루 위에 얹히는 조형물로 용의 머리를 무섭게 형상화한 장식 기와이다.

용마루 건물의 지붕 중앙에 있는 주된 마루로, 한식가옥에서 중심을 이루며 서까래의 받침이 되는 부분

용지판 벽이 무너지지 아니하도록 문지방 옆에 대는 널빤지 조각

움집 땅을 파서 방바닥이 깊이 있어 지하실처럼 꾸민 집

원적외선 적외선 영역을 파장에 따라 세분화했을 때 가시광선에서 가장 먼, 즉 파장이 가장 길고 진동수는 가장 낮은 범위에 해당하는 전자기파를 말한다.

월대 중요 건물 앞에 넓게 조성한 기단

유피진수 느릅나무 껍질(뿌리, 줄기 껍질)

유회 기름·재·솜을 섞어서 만든 물건. 창살에 유리를 끼울 때나 목재의 구멍을 메울 때에 쓴다.

이고석 면의 크기 또는 중량이 사고석의 2배가 되는 것이다. 이 돌은 높은 담을 쌓거나, 궁장쌓기에 쓰였다.

이맛돌 아궁이 입구에서 봇돌 위에 걸치는 돌

이엉 초가집의 지붕이나 담을 이기 위하여 짚이나 새 따위로 엮은 물건

인방 기둥과 기둥 사이에 건너지르는 가로재를 말한다. 즉, 기둥을 상중하에서 잡아 주는 역할을 하는 것으로 여러 기둥을 일체화시켜 횡력을 견디게 하는 구조적인 역할을 한다.

인방 기둥과 기둥 사이에 가로 건너대는 부재(상인방, 중인방, 하인방)

인조석 씻어내기 벽이나 대문기둥, 바닥에 인조석을 바른 후 굳기 전에 물로 씻어 내어 표면에 잔돌이 드러나게 한 것. 아라이다시라는 일본어로 알려져 있다.

일각문 담장에 지지되며 양쪽에 두 개의 기둥만을 세워 문짝을 단 대문으로 일주문과 같이 지붕이 만들어진 문

일주문 사찰 정문으로 들어가는 문

일체식 건물 기초에서 지붕에 이르기까지 이음이 없이 건물 전체가 한몸으로 구성된 구조

[ㅈ]

잡상 기와 지붕의 추녀마루에 여러가지 신상(神像)을 새겨 얹는 장식 기와

잡장목 품질이 좋은 장목을 진장목, 질이 떨어지는 것을 잡장목이라 한다.

장대기초 지반이 약하거나 건물의 규모가 클 때 우물 정(井)자형으로 쌓아 올리는 기초 방식

장대석 섬돌 층계나 축대에 쓰이는 길게 다듬은 돌

재벌 초벌한 다음 두 번째로 칠이나 벽을 바르는 것

재사벽 재사벽은 흙, 모래, 마사토, 석회를 반죽하여 미장한 벽. 재사벽은 흔히 석회미장을 하는 것이 풍습화되어 있다.

저장공 식료품이나 연료를 저장하는 아래가 뾰족한 그릇

적심기초 생땅이 나올 때까지 기초 웅덩이를 파고 적심석이라고 하는 자갈 등을 층층이 쌓아 올리며 다지는 기초

적토 쌓아 올리는 흙

전단벽 벽의 면내로 횡력을 저항할 수 있도록 설계된 구조방식. 즉, 수평하중에 저항할 수 있는 벽체

전돌 흙으로 구어 만든 검은 벽돌

전축성 벽돌로 쌓은 성

절병통 모임 지붕의 상부에 항아리 모양의 특수 기와

정벌 마지막 마무리로 하는 일

조적식 벽돌이나 블록처럼 일정 크기의 재료를 쌓아서 축조하는 것

종이여물 종이를 물에 풀어 여물처럼 만든 것. 회 반죽 따위에 섞어 쓴다.

주두 기둥 머리 혹은 기둥 상부의 받침 부재

중간개자리 방이 큰 경우에 화기의 흐름을 좋게 하기 위하여 중간에 만드는 개자리

중금목 중깃과 같은 말

중깃 흙벽을 칠 때 인방과 인방 사이에 외대를 엮기 위해 세워 대는 샛기둥

중문 중심축 선상에 놓인 문이 중문

중요민속자료 선조들의 생활문화유산으로서 그 자취를 이해하는 데 중요한 자료

중인방 벽의 중간 높이에 가로지르는 인방

지정 기초의 힘을 전달받아 땅에 전달하는 구조

진말 밀가루

진잡장(眞雜杖) 곧고 긴 나무

질마사 황토색이 나며 점성이 있는 마사

[ㅊ]

차면담 앞을 가리기 위해 쌓은 담

차음담 소리를 막기 위해 쌓은 담

초반 건축물의 무게를 지반에 골고루 전달하기 위하여 벽기둥 밑에 넓게 만든 기초부분

초벌·초벽 미장공사에서 제일 먼저 바르는 방법. 벽에 종이나 흙을 애벌로 바르는 일, 또는 그렇게 바른 벽

초석 기둥 밑에 기초로 받쳐 놓은 돌. 주춧돌이라고도 한다. 자연석초석, 사각초석, 팔모초석, 장주초석, 사다리형 초석, 활주초석, 문양초석 등이 있다.

추녀마루 추녀가 걸린 곳 위에 생긴 지붕의 마루

취두 용마루 양쪽 끝부분에 얹어 놓는 장식기와로 새머리 모양을 하고 있고 있지만 자세히 보면 용의 모습도 보인다.

치미 고대의 목조건축에서 용마루의 양 끝에 높게 부착하던 장식기와

[ㅋ~ㅌ]

칸 기둥과 기둥 사이의 길이 또는 기둥 네 개가 만들어낸 하나의 평면 면적

타구 여장의 사이사이에 끊어진 구멍

태극문양 우주만상의 근원이며 인간생명의 원천이고 불생불멸의 만물 실체를 말함.

토담 흙으로 쌓은 담

토벽 흙을 재료로 하여 만든 판축 벽

토성 흙으로 쌓은 성

토소란 벽체에 두께를 더하고 마감을 깔끔하게 하고 미장재의 탈락을 예방하는 소란대

토수 건축공사에서 벽이나 천장, 바닥 따위에 흙, 회 따위를 바르는 일을 직업으로 하는 사람. 미장, 니장과 같은 말

토역 흙일. 흙을 이기거나 바르는 따위의 흙을 다루는 일

[ㅍ]

판벽 헛간이나 문칸 또는 창고 등 난방이 필요 없어 판으로 댄 벽

판축담 기초나 담장을 만들 때 일정한 두께의 켜를 지어 다지며 한 켜 한 켜 쌓은 담

편수 공장(工匠)의 두목. 변수, 목수

평고대 처마에 얹힌 서까래 끝에 가로로 길게 얹은 나무

평벽 기둥 바깥면에 덧대어 만든, 면이 평평한 벽

평줄눈 벽돌의 면과 평행한 줄눈

포벽 포와 포 사이에 생긴 벽

표준시방서 표준적인 시공기준을 명시한 문서. 표준시방서는 시설물의 안전 및 공사 시행의 적정성과 품질 확보 등을 위해 시설물별로 정한 표준적인 시공 기준을 말한다.

표준품셈 정부, 지방자치단체 등 공공기관이 발주하는 공사의 공사비는 자재비, 노무비, 장비비, 가설비, 일반경비 등 정부고시가격에 따라 산출된다. 이때 적용되는 정부고시가격이다.

[ㅎ]

하인방 벽의 아래쪽을 가로지르는 인방

한식미장 시멘트가 아닌 흙에 석회·나무·돌·볏짚 등의 재료를 비비거나 반죽해 바르거나 쌓는 것을 말한다.

한식미장기능자 일정 시험을 거쳐 전통미장 자격을 받은 사람

함실아궁이 난방 전용의 온돌방식으로 부뚜막이 없고 아궁이, 아궁이후렁이, 아궁이후렁이벽 등으로 구성된 온돌

함실장(아랫목돌) 아궁이후렁이 위를 덮는 넓고 두꺼운 구들장

합각벽 박공 머리의 세모꼴로 된 벽

해초풀 은행초·도박·황각 등의 바닷풀을 끓여서 만든 풀

허튼고래 골을 켜지 않고 불길이 이리저리 통하여 들어가도록 굇돌을 흩어서 놓은 고래

현수곡선 실 따위의 양쪽 끝을 고정시키고 중간부분을 자연스럽게 늘어뜨렸을 때, 실이 이루는 곡선

협문 중심축 선상이 아니고 샛담에 있는 문이거나 부속실로 통하는 사이문

홉 부피의 단위. 곡식, 가루, 액체 따위의 부피를 잴 때 쓴다. 한 홉은 한 되의 10분의 1로 약 180ml에 해당한다.

홍살문 일주문과 비슷하나 지붕이 없으며 붉은 색임.

화문담 벽돌이나 돌 또는 흙을 구워 꽃무늬를 만든 담

화방벽 방화벽. 불이 번지는 것을 막기 위하여 불에 타지 아니하는 재료로 만들어 세운 벽. 방범, 단열을 위한 벽

회곽로 성곽 둘레에 있는 길

회반죽 소석회·여물·해초풀 등을 섞어 만든 미장용 반죽

회사반죽 소석회·모래를 물이나 풀로 반죽한 미장 재료

참고 문헌

- 장기인, 《한국건축대계 건축 구조학》, 보성각, 1999.
- 장기인, 《한국건축대계 벽돌》, 보성각, 2002.
- 김무한 외, 《건축재료학》, 문운당, 1990.
- 추영수 외, 《건축시공》, 건설연구사, 1976.
- 김동욱 외, 《영건의궤》, 동녘, 2010.
- 김왕직, 《알기 쉬운 한국건축용어사전》, 동녘, 2000.
- 정옥자, 《서궐영건도감의궤》, 서울대학교 규장각, 2001.
- 김전배 외, 《한국의 무늬》, 한국문화재보호재단, 예맥출판사, 1995.
- 문화재청, 〈2012 문화재 수리 표준품셈〉, (주)그래픽코리아, 2012.
- 후나세 슌스케, 《콘크리트주택에서는 9년 일찍 죽는다》, 한국목재신문사, 2004.
- 황혜주, 《흙 건축》, 도서출판 씨아이알, 2008.
- 今井与臧, 윤혜림역, 《건축환경공학》, 성안당, 2001.
- 배희한, 《이제 이 조선 톱에도 녹이 슬었네》, 뿌리깊은나무, 1992.
- 서유구, 《임원경제지》, 안대회 엮어옮김, 《산수간에 집을 짓고》, 돌베개, 2005.
- 신영훈 외, 《한옥의 건축도예와 무늬》, 기문당, 1990.
- 한옥문화원, 《전문인 심화과정 한옥건축재료》, 한옥문화원, 2014.
- 문화재청, 〈문화재 수리 표준시방서〉, 신광사 외, 1974, 1994, 2005.
- 문화재청, 〈문화재 수리 업무편람〉, 신광사, 2011.
- 문화재청, 〈법주사 대웅전 실측수리보고서〉, 2005.
- 서울특별시, 〈경운궁 양이재 수리보고서〉, 2008.
- 송기호, 《한국 고대의 온돌》, 서울대학교 출판부, 2005.
- 신영훈, 《한국의 무늬》, 동아일보사, 1975.
- 안성시청, 〈석남사 영산전 해체실측·수리보고서〉, 2007.
- 문화재청, 〈동구릉 수복방 수라청 수리보고서〉, 2015.
- 문화재청, 〈경복궁 아미산 굴뚝 정밀실측보고서〉, 대명기획, 2004.
- 김종남, 《한옥 짓는 법》, 돌베개, 2011.
- 건축도시공간연구소, 《한옥짓는 책》, (주)현대아트컴, 2012.
- 전봉희 외, 《한옥과 한국주택의 역사》, 동녘, 2012.
- 김동욱, 《한국건축공장사연구》, 기문당, 1993.
- 서치호, 《건설기술과 국가의 위상》, 건축시공학회, 2006.

- 천득염, 《건축역사연구》, 사단법인 한국건축역사학회, 2014.
- 조영민, 〈17C 이후 니장(泥匠) 기법 변천 연구〉, 명지대 박사논문, 2014.
- 이권영, 〈조선후기 관영건축공사의 회미장재와 공법에 관한 연구〉, 건축역사연구, 2009.
- 이권영, 〈산릉영건의궤 분석을 통한 조선시대 건축에서 회벽 존재 여부의 고찰〉, 건축역사연구, 2010.
- 이권영, 〈조선후기 관영건축의 미장공사 재료와 기법에 관한 연구〉, 대한건축학회 논문집, 2008.
- 김진욱, 〈한식 벽체 미장기법에 관한 연구〉, 건국대 석사논문, 2005.
- 백찬규, 〈우리나라 건물벽화와 그 보존에 관한 연구〉, 미술사학회, 1992.
- 김석순, 〈전통건축물의 지붕 시공기법 연구〉, 아름건축사사무소, 2012.
- 김란기, 〈근대문화재 수복의 가치관과 기술〉, 한국건축역사학회, 2003.
- 이종국 외, 〈한국전통건축의 기둥과 벽체의 접합형상에 따른 외기 관류특성 분석〉, 대한건축학회, 2008.
- 황혜주, 〈고령토의 활성화 방법 및 활성 고령토를 혼입한 모르터와 콘크리트에 대한 연구〉, 서울대 박사논문, 1997.
- 권숙희, 〈산모의 황토방 이용 경험에 대한 문화기술지〉, 경희대 박사논문, 2003.
- 박태성, 〈지역별 황토의 공학적 특성에 관한 연구〉, 목포대 석사논문, 2002.
- 홍성민, 〈건축자재에서의 VOCs 방출특성 평가에 관한 연구〉, 경원대 석사논문, 2001.
- 김웅래, 〈흙벽돌 구조물의 실내온열환경에 관한 실측 연구〉, 삼척대 석사논문, 2002.

저자가 경복궁 자경전 십장생 굴뚝(보물 제810호)에 있는 꽃담을 청원산방에 재현해 놓은 모습. 저자는 이 꽃담을 일본과 미국의 메도락(Meadowlark) 공원에도 재현해 놓았다.

100년 만에 되살리는 **한국의 전통미장기술**

2017. 8. 11. 1판 1쇄 발행
2019. 1. 25. 1판 2쇄 발행

지은이 │ 김진욱
펴낸이 │ 이종춘
펴낸곳 │ BM (주)도서출판 **성안당**
주소 │ 04032 서울시 마포구 양화로 127 첨단빌딩 5층(출판기획 R&D 센터)
10881 경기도 파주시 문발로 112 출판문화정보산업단지(제작 및 물류)
전화 │ 02) 3142-0036
031) 950-6300
팩스 │ 031) 955-0510
등록 │ 1973. 2. 1. 제406-2005-000046호
출판사 홈페이지 │ **www.cyber.co.kr**
ISBN │ 978-89-315-6403-7 (93540)
정가 │ 32,000원

이 책을 만든 사람들
기획 │ 최옥현
진행 │ 이희영
교정·교열 │ 김경희
본문 디자인 │ 정희선
표지 디자인 │ 박현정
홍보 │ 정가현
국제부 │ 이선민, 조혜란, 김혜숙
마케팅 │ 구본철, 차정욱, 나진호, 이동후, 강호묵
제작 │ 김유석

※ 잘못된 책은 바꾸어 드립니다.